圖解 運動員必知的

人體解剖學

理解人體結構，讓訓練效果最大化

筑波大學副教授
大山 卞 圭悟・著
童小芳・譯

前言

在運動動作中，何謂正確的技術呢？關於這方面的觀點五花八門，不過共通點應該是既能締造優越表現又能避免受傷。

要實踐所謂效率佳或是合理的動作，不見得要理解身體的構造或是結構才能辦到。然而，要戰略性地做出理想的動作，或要從無數選項中選出最適合的方案時，對構造的理解將會大有助益。為了有效率地克服自己的弱點，應該透過什麼樣的發想、做哪些訓練才好呢？受傷而無法進行平常毫不費力就辦得到的動作時，該如何設計出不會對患處施加負擔的訓練項目呢？解剖學便是能夠回答這類疑問的可靠指南。我們何不試著以這樣的觀點重新審視身體與動作呢？

才疏學淺的我，曾有幸在日本訓練指導協會（JATI）的機構刊物《JATI EXPRESS》上連載〈可運用於GTK現場的功能解剖學〉，本書便是將該內容加以潤色修改而成。我平常主要在田徑或訓練的現場出沒，從中注意到身體結構的美妙之處，並從引發受傷的機制中獲益良多。我試著從功能解剖學的觀點來分析這些經驗與想法，並以解剖學事實或已經取得的學術性證據加以比對，彙整成這本書。

本書主要是針對肌肉骨骼系統的結構切入探討。我的想法是，希望藉由討論日常生活或運動中的身體結構，讓致力於訓練的人或競賽選手能產生興趣，另外也費了些心思，透過一些圖片或身體相關的閒聊，讓一般人也能樂在其中。

倘若本書能讓各位讀者多少開始重新審視身體與動作，將令我不勝欣喜。

大山卞 圭悟

目錄
contents

推薦序

我在有興趣的領域中挑選書籍時，一定會留意作者的背景與活動。書名自不待言，還會留意作者是哪一方面的專家？擅長領域為何？有原創性（獨創性）嗎？換言之，當書名、內容與作者名實相符，是一本「足以令人信服的書」時，我才會把書買下來。

這次受邀推薦的這本《圖解 運動員必知的人體解剖學》，是由大山卞 圭悟教授所撰寫。大山卞教授目前在日本訓練指導協會的機構刊物《JATI EXPRESS》中負責功能解剖學的專欄。連載已經超過30期（2020年6月發刊時），每一期都會讓讀者或會員在訓練指導方面獲得「恍然大悟」的啟發。此外，大山卞教授還擔任了本協會培訓講習會的講師（功能解剖學），淺顯又易懂的課程內容每次都大受好評。

大山卞教授具備頂尖運動員的競賽資歷（以擲鉛球在全日本實業團競賽中取得優勝），目前以田徑聯盟培訓師（偕同參與世界大學運動會、世界錦標賽的活動等）、指導者（筑波大學田徑社）、研究者（筑波大學體育系副教授）等身分大放異彩。換言之，本書可說是滿載著運動員、培訓師、教練與研究者的經驗、智慧與原創內容。

此外，特別值得一提的是，本書中的插畫幾乎都是由大山卞教授親自繪製的，不僅如此，在這種容易變得晦澀難解的專業書籍中，教授饒富機智的解說不但可以讓人感受到他的人品，還能讓我們順暢無礙地進入解剖學的世界。

就反思自己的身體這層意義來說，不僅是運動員或訓練者，無論是對人的身體或動作感興趣的普羅大眾，還是那些沒有運動習慣的人們，都希望本書能讓更多人閱讀。

本書也是第一本將《JATI EXPRESS》的連載付梓的先鋒，格外值得紀念。能夠拜託大山卞教授作為「先發投手」，著實令我欣喜不已。

想必這會是一本讀過就令人感到信服又滿足的書！

有賀雅史

日本訓練指導協會理事長　宣傳企劃委員會委員長
《JATI EXPRESS》總編輯
帝京科學大學醫療科學部教授

可從體表觀察的全身肌肉

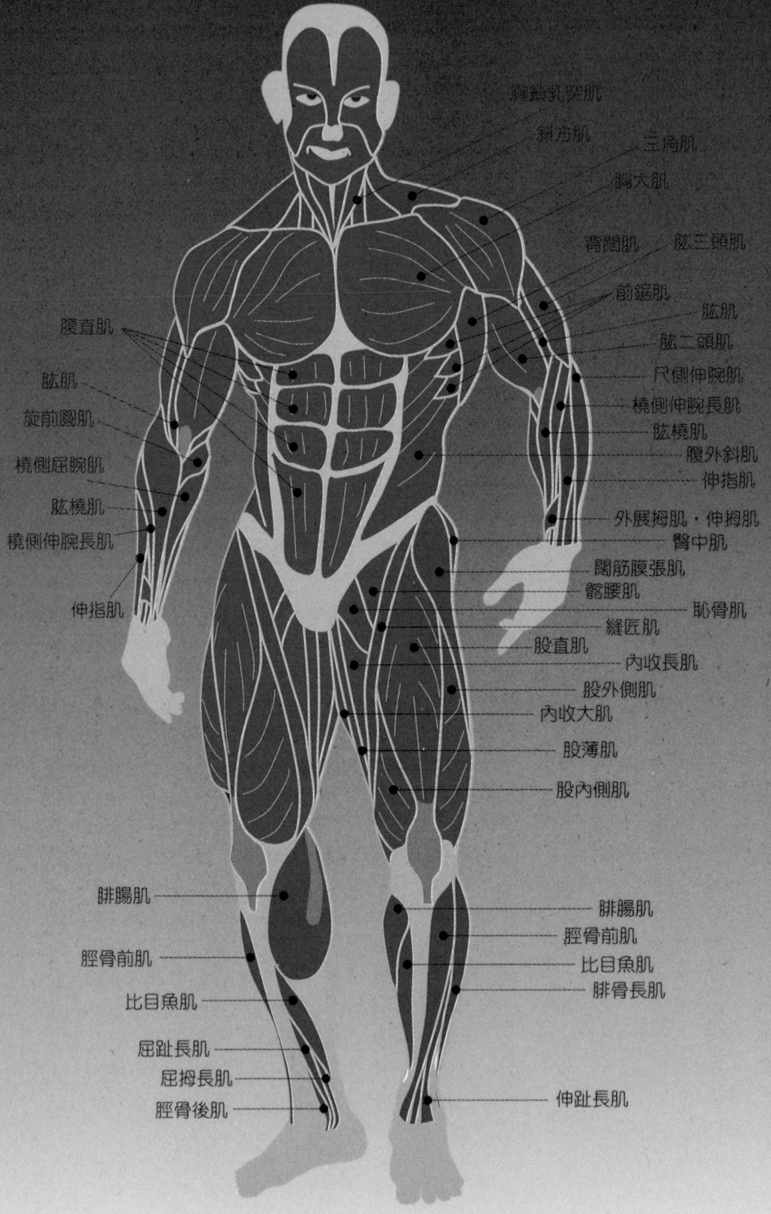
胸鎖乳突肌
斜方肌
三角肌
胸大肌
背闊肌
肱三頭肌
前鋸肌
肱肌
肱二頭肌
尺側伸腕肌
橈側伸腕長肌
肱橈肌
腹外斜肌
伸指肌
外展拇肌・伸拇肌
臀中肌
闊筋膜張肌
髂腰肌
恥骨肌
縫匠肌
股直肌
內收長肌
股外側肌
內收大肌
股薄肌
股內側肌
腹直肌
肱肌
旋前圓肌
橈側屈腕肌
肱橈肌
橈側伸腕長肌
伸指肌
腓腸肌
脛骨前肌
比目魚肌
屈趾長肌
屈拇長肌
脛骨後肌
腓腸肌
脛骨前肌
比目魚肌
腓骨長肌
伸趾長肌

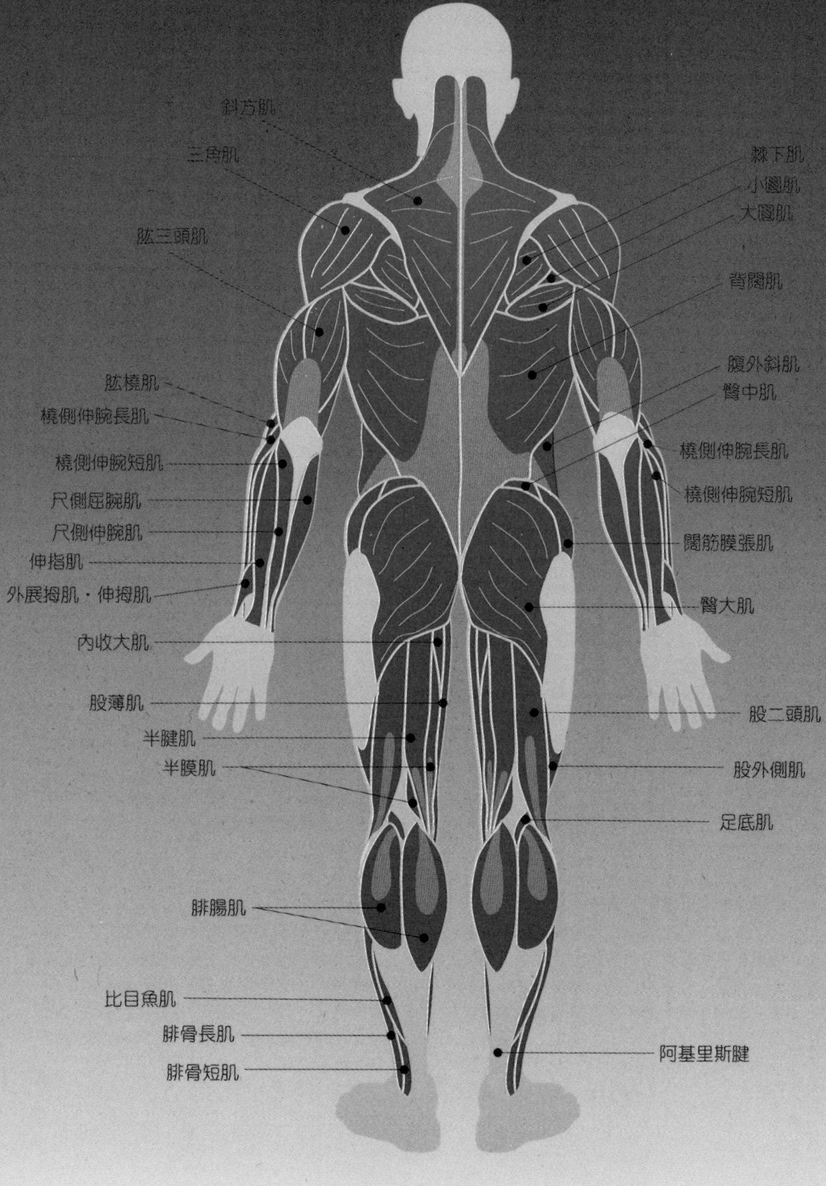
斜方肌
三角肌
肱三頭肌
肱橈肌
橈側伸腕長肌
橈側伸腕短肌
尺側屈腕肌
尺側伸腕肌
伸指肌
外展拇肌・伸拇肌
內收大肌
股薄肌
半腱肌
半膜肌
腓腸肌
比目魚肌
腓骨長肌
腓骨短肌
棘下肌
小圓肌
大圓肌
背闊肌
腹外斜肌
臀中肌
橈側伸腕長肌
橈側伸腕短肌
闊筋膜張肌
臀大肌
股二頭肌
股外側肌
足底肌
阿基里斯腱

肌肉的名稱

據說人類身體裡有超過600條骨骼肌。每條肌肉都各有其名稱，這些命名有好幾種模式。溯流追源起來，日文名稱在命名時，似乎是以由拉丁語所構成的解剖學用語為基礎。

要網羅所有命名模式並非易事，在此試著舉出幾個淺顯易懂的實例。

依形狀命名的名稱

三角肌、菱形肌、梨狀肌、股薄肌、斜方肌等皆屬於此類。三角肌呈三角形、菱形肌為菱形、梨狀肌狀似洋梨，而股薄肌則是因為比較薄。至於斜方肌，日文名稱為「僧帽筋」，是因為形似天主教僧侶所戴的帽子而命名。英文名為trapezius，此非帽子之意，而是取自trapezoid（梯形）之意。日文和英文都是依形狀來命名，但仍然有些微差異。

依位置或配置命名的名稱

有些名稱是根據附著的骨骼或肌腹的位置來命名，肱肌、顳肌、恥骨肌、棘下肌、肩胛下肌、膕肌、髂肌、脛骨前肌、脛骨後肌等即為此類。肱肌起始於肱骨，主要位於上臂處。膕肌是連接股骨與脛骨的肌肉，大部分位於膕窩（膝窩）處。肩胛下肌則是位於肩胛骨的胸廓側（深處），英文為subscapularis（sub：下，scapula：肩胛骨），就是字面上的意思。

也有不少命名是以前後、深淺、上下等字詞與其他資訊結合而成，比如脛骨前肌與脛骨後肌、屈指淺肌與屈指深肌、孖上肌與孖下肌等。

依功能或動作命名的名稱

有些名稱是直接以肌肉的功能來命名，強勁的閉口肌之一「咬肌」、顏面表情肌之一「笑肌」等即為此類。單純依功能為肌肉命名的例子中，將手旋後的旋後肌與迴旋肌應該也屬於此類。「屈～肌：flexor」、「伸～肌：extensor」、「～張肌：tensor」、「～括約肌：sphincter」、「提～肌：levator」、「內收～肌：adductor」、「外展～肌：abductor」、「旋前～肌：pronator」等，這些皆屬於依動作命名的名稱。

依大小或長度等尺寸命名的名稱

眾所周知，依肌肉的尺寸，即以其大小、長度、寬度來命名的名稱多不勝數。不過僅以尺寸資訊來命名的大概只有最長肌，其他大多是與部位名稱、動作或位置組合而成。臀大肌、臀中肌與臀小肌是最淺顯易懂的例子。背闊肌、內收長肌、內收短肌、腓骨長肌、腓骨短肌與股內側肌（日文為「内側広筋」）等亦屬此例。

依兩側附著部位命名的名稱

胸鎖乳突肌、肱橈肌、喙肱肌、髂肋肌等即屬此類。以胸鎖乳突肌為例，是起始於胸骨與鎖骨並延伸至乳突（顳骨）的肌肉，命名十分直白。英文稱為Sternocleido-mastoid，Sterno是表示胸骨的接頭詞，Cleido為表示鎖骨的接頭詞，Mastoid則意指乳突，以胸鎖乳突肌這個例子來說，英文與中文的語順是一致的。

依肌肉走向命名的名稱

以肌肉走向為基準的名稱中，較為人所知的有筆直的「～直肌：rectus」、斜向的「～斜肌：obliquus」、橫向的「～橫肌：transversus」等。實際上會像腹直肌、腹橫肌、腹外斜肌、股直肌般，結合部位或位置來使用。

特殊案例

縫匠肌的英文為sartorius。拉丁語sartor的英文為tailor，意指縫製衣服的專業裁縫師。據說專業裁縫師工作時會雙腳並用踩縫紉機，其大腿部位的這條肌肉線條清晰可見，故取此名，不過以前的裁縫師都是穿短褲嗎？

Chapter 0

答案就在身體裡

推薦直覺性的功能解剖

我們的身體，尤其是運動系統，其實是由200多塊骨骼與600多條骨骼肌（肌肉）所構成。每一塊骨骼的配置與型態皆有其功能性的因素，以因應平常所承受的負荷，或是附著的肌肉與韌帶所施加的力量。肌肉也是一樣，以基本的配置與構造為基礎，形狀與生物化學上的特性也都因應所需的功能而十分發達。

像在一題題核對答案般，試著觀察這種肌肉骨骼系統的功能與型態之間的關聯性，實在是一件令人愉快的事。這些符合功能性需求且合理的構造竟是如此充滿巧思，有不少令人讚嘆之處。進一步個別觀察每一塊骨骼或每一條肌肉，都有其特有的功能，這些骨骼與肌肉在動作中所展現出的分工合作，極其精妙又饒富趣味。

先不談太生硬的內容，而是探問「目的為何？」

面對「這條肌肉的目的為何？」這樣的提問，感覺好像稍微學習一下就答得出來，但實際上要正確回答這個問題並不容易。

我們的身體，可說是人類這種動物在演化至現今這種物種的期間內，與歷經的環境互相磨合，並滿足因環境而生的功能性需求，在這一過程中所獲得的實質型態。這種實質型態為什麼能夠化為肉眼可見的實體並留存至今？我們可以對此給出一些煞有介事的理由，但要明確釐清事實卻極其困難。

然而，以功能解剖學的角度來思考事情時，我認為不要談論太生硬的內容，而是先問「目的為何？」、「為什麼？」再試著找出理由會比較好。透過這樣的角度，在實際感受我們身體構造的巧妙之處並找出屬於自己的詮釋時，應該會萌生出更靈活運用這些構造的方法，或是嘗試巧妙搭配蘊藏在這些構造中的功能，還能夠孕育出保護這些構造的巧思。

比方說，腓腸肌是跨越膝關節與踝關節的雙關節肌，善於將膝關節的力量傳遞至踝關節，並快速發揮出巨大的力量。為了因應其功能性之需求，踝關節側有條又長又能發揮彈簧作用的阿基里斯腱，在生物化學方面也以「收縮速度快的快縮肌纖維比例高」而為人所知。在膝側分岔成兩頭，比較短的肌纖維以廣泛面積附著於筋膜上，這種構造也有利於傳遞來自膝蓋的巨大力量。

試著以這樣的角度觀察，腓腸肌的構造便會愈看愈「合理」（圖1）。

從觀察中得知的事實將有助於洞察其功能性

似乎也有人覺得這樣的構造與功能太過複雜而讓人難以親近，然而，這些運作很理所當然地存在於我們的身體裡，有時用手就能摸得到。大家在確認解剖學的知識時，往往會有必須閱讀艱深書籍的迷思，但實際上這些疑問的答案有許多都能直接觸摸得到，因為「答案就在身體裡」。抱持著興趣觸摸看看，仔細觀察並分析各種現象，試

大家在確認解剖學的知識時，
往往會有必須閱讀艱深書籍的迷思，
但其實「答案就在身體裡」。

圖1　腓腸肌的構造（示意圖）

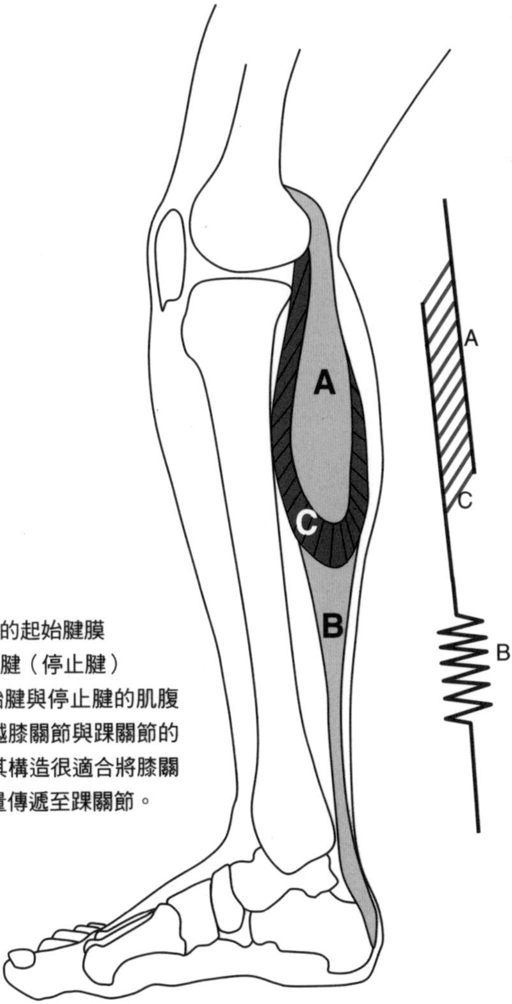

A：廣泛附著的起始腱膜
B：阿基里斯腱（停止腱）
C：連接起始腱與停止腱的肌腹
腓腸肌是跨越膝關節與踝關節的雙關節肌，其構造很適合將膝關節的強勁力量傳遞至踝關節。

著花點工夫，便可獲得非常大量的資訊。

不僅限於日常生活，要詳細調查肌肉骨骼系統在運動競賽中或是訓練中的作用，並沒有想像中那麼困難。只要有想深入了解的心態與欲望，都可以從各式各樣的角度來觀察並分析。

某位頂尖運動員說，在自己的身體還幼小且纖弱的時候，曾經和競賽能力超群的前輩一起去澡堂，並且觀察了那位前輩的肌肉狀態。實際上，競賽能力優異的競賽選手，身體上會出現顯著的訓練痕跡，其強大的佐證清晰可見。我們經常從這樣的觀察中獲得功能解剖學上的新觀點。

以競賽能力超群的擲鐵餅競賽選手為例，其胸大肌與三角肌前部皆十分發達——從其動作模式來思考，這可說是再理所當然不過的事了。另一方面，為什麼他們的背部都很壯碩呢？「方肩」常見於游泳選手身上，這又是為什麼呢？關於這些案例，只要不斷深究事實及其背景，從觀察中得知的事實就能幫助我們洞察其功能性。

為什麼「方肩」常見於
游泳選手身上呢？
這樣的觀點即為功能解剖學之基礎。

我認為這樣的觀察角度便是功能解剖學之基礎，而這類分析本身也可以當作功能解剖學的有趣之處。

不妨連日常身體感受到的資訊都加以活用！

若要確認肌肉在運動中的動員狀態，有種實驗方式是在運動後測量特定肌肉的含水量。實際上是在運動前後利用ＭＲＩ進行斷層掃描，以觀察氫離子的動態（Sloniger et al.,1997）。運動後血流應該會集中到肌肉，有些情況下還會發生浮腫。此現象引發水分往活動後的肌肉集中，所以才要測量其含水量。這是稍微高科技的方式，有沒有什麼方法可以不使用昂貴機器就能進行相同的分析呢？請試著動動腦想一下。強烈的活動痕跡……沒錯，那就是肌肉痠痛。

運動後的肌肉痠痛好發於運動時的活動肌肉，尤其是做了離心收縮（伸展性）活動的肌肉。在比賽後或激烈訓練後所經歷的肌肉痠痛，便是強勁使力的痕跡，只要試著仔細分析這些狀態，便可釐清許多事情。比方說，時隔許久才在業餘棒球比賽中使勁投球後，哪條肌肉會強烈感受到肌肉痠痛呢？是肩關節內旋的主動肌「胸大肌」嗎？還是肩胛骨後面的棘下肌呢？請訪問周遭的人並分析看看。

以肌肉的等級來感受並分析比賽後的損傷，應該可以在弱點或功能性要求方面獲得相當具體的資訊及深刻的啟發。利用這些資訊，預先設想可能的損傷來進行訓練，藉此做好扎實的準備，應該可以獲得更傑出、續航力更高且安全的運動表現。像肌肉痠痛這類日常中身體感受到的資訊，只要利用分析的方式加以整理，也足以成為一份功能解剖學上的考察素材。

這裡再出一道練習題：「從椅子上站起來時，發揮作用的是大腿前面的肌群，還是後面的肌群呢？」應該怎麼做才能回答這個問題呢？被問到這個問題就急忙翻閱運動學教科書的人，是讀書讀過頭囉。答案很簡單，只需用雙手從前後方抓住大腿，試著站起來即可（圖2）。

一旦改變站起來的方式，摸到的肌肉緊繃狀態也會隨之變化。如果盡量直立上半身會如何呢？試著讓上半身完全往前傾倒又會如何？光是這兩者之間的差異，便可透過觸摸而有一番討論空間。看吧？「答案就在身體裡」。

圖2　從椅子上站起來的動作

使勁發揮作用的是大腿前面？
還是後面？

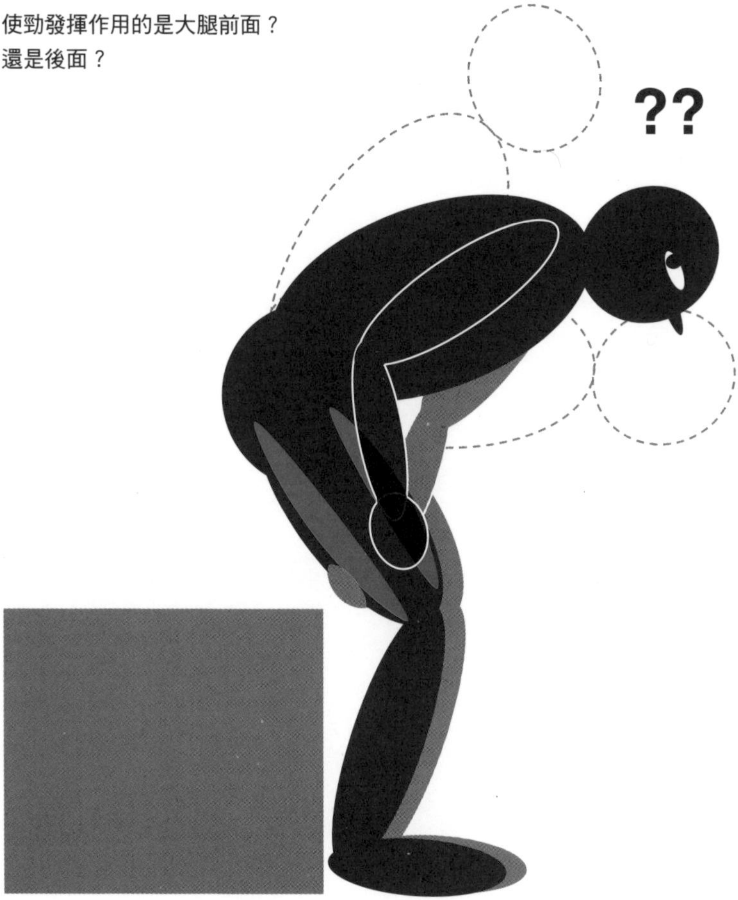

Chapter 1

解剖學概論

關節沒了肌肉也能動!?

為什麼要認識解剖學？

電器製品的電源突然斷電時，就試著「砰砰」地敲打看看——有這種經驗的人應該不在少數吧？請想像一下，當電器製品或汽車故障時，在不了解其構造的情況下進行修理會如何。如果施加一點外力衝擊就能恢復的話實屬幸運，但若非如此，當下便會無計可施。

這點在人體方面亦然。當受傷後要重回場上時，或是試圖提升特定功能時，如果不了解運動系統的構造或所具備的基本功能，應該難以指望做出適切的應對。因此，先認識構造，理解從中產生的力量或從中做出的動作，是通往更完美或更安全的動作之捷徑。

另一方面，人的身體與家電製品或汽車有所不同，事實上，除非採取極為特殊的方法，否則很難更換容易故障的部位，或是大幅地修正構造。然而，訓練——亦即動作矯正——雖然比較費工夫，卻是任何人都能自行進行的方法。為求更有效的訓練或更理想的動作矯正，認識身體的構造將大有助益。在討論功能面之前，我想先帶大家一步步鉅細靡遺地理解運動系統的構造。

常有人說「解剖學要記的東西又多又難」、「解剖學是一門背誦的學問」。某種程度來說，特定部位的確位於特定位置，所以或許會因為這點而誤以為這些資訊便代表了一切。

然而實際上，關於解剖學上的構造，光是試著思索其合理性就饒富趣味，若再加上力的作用或運動這類的時間軸，便可成為無邊無際又頗具深度的討論題材。希望大家能抱持興趣持續關注這門學問。

關節為什麼會動？

撇除以顏面表情肌為代表的皮肌運動，或肛門括約肌的運動這類部分例外不說，由骨骼肌所帶動的身體運動必定伴隨著關節的活動。面對「關節為什麼會動？」這個問題，多數人會說「那是跨越該關節的肌肉發揮了作用，所以才會動」。然而，也有些運動並非如此。那麼這類運動究竟是怎麼一回事呢？

■重力會讓膝蓋伸直或彎曲

圖1a以示意圖標示出下肢的情況：藉著膕旁肌使力支撐（實際上髖關節也是由該肌群所控制），維持膝蓋屈曲的姿勢。該怎麼做才能讓這裡的膝蓋像圖1b那樣伸直呢？很簡單，只需放鬆膕旁肌即可。

小腿會受到重力牽引，一旦膕旁肌的約束力失效，便會同時沿著膝關節附近旋轉，落至膝關節伸展姿勢。這便是因為重力而產生關節運動的範例。

實際上，我們的身體隨時都承受著重力。若以直立姿勢睡覺會如何呢？身體

圖1　重力使膝關節伸展

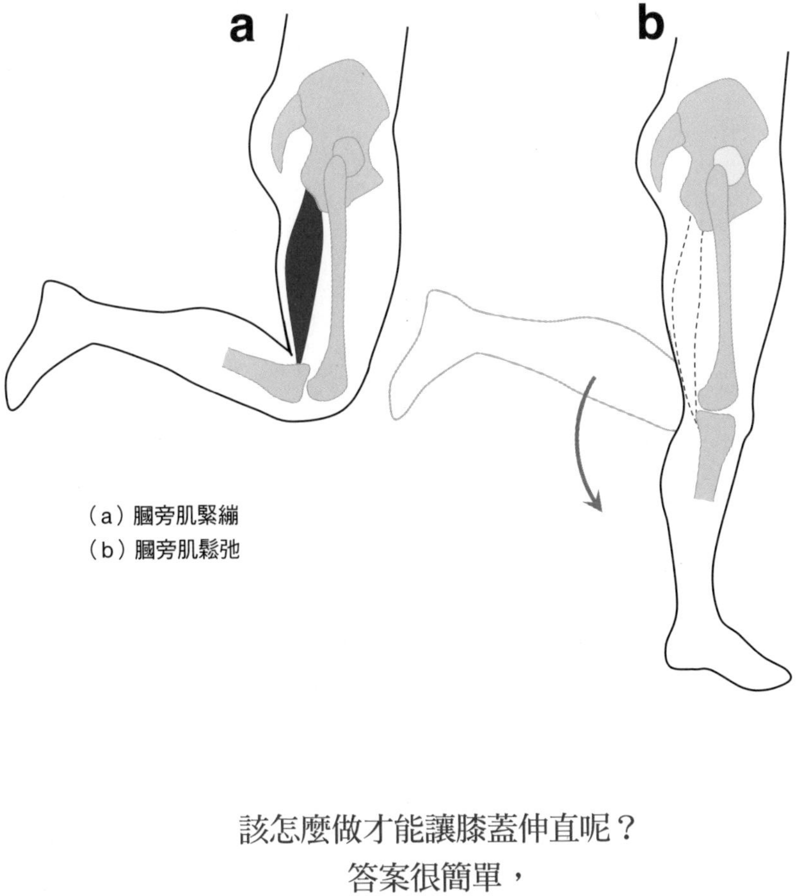

（a）膕旁肌緊繃
（b）膕旁肌鬆弛

該怎麼做才能讓膝蓋伸直呢？
答案很簡單，
只需放鬆膕旁肌即可。

會因為重力的作用而突然倒在地上吧。所謂身體的「支撐」，就是指能夠抵抗這種因重力而引起的運動。

■關節力對膝蓋的作用

圖2是理科教室的骨骼模型，示意抓著股骨搖晃時所引發的下肢運動。因為是骨骼模型，上面當然完全沒有肌肉跨越膝關節。即便如此，仍產生了這樣的運動。由此可知，只要配合小腿搖晃的時機，讓股骨往上舉或往下放，便可以產生膝關節運動（時機很重要）。

這種運動當然也有重力參與其中，但是與此同時，膝關節處會有一道由股骨下端拉引小腿上端的力量（關節力）發揮作用，進而帶動關節。在上半身完全無力的狀態下扭轉軀幹所引發的手臂動作，或是放鬆的跑步、投擲時，皆可明顯看到同樣的現象。

我們因為經驗而熟知這股力量的效果，不過重新思索便會明白，我們的身體運動在平日的各種情景中，都大受這股力量的影響。

圖2 骨骼模型的膝關節運動

作用於小腿上端的力量讓小腿產生轉動，結果便產生了膝關節的運動。效果會依使力的時機而異。

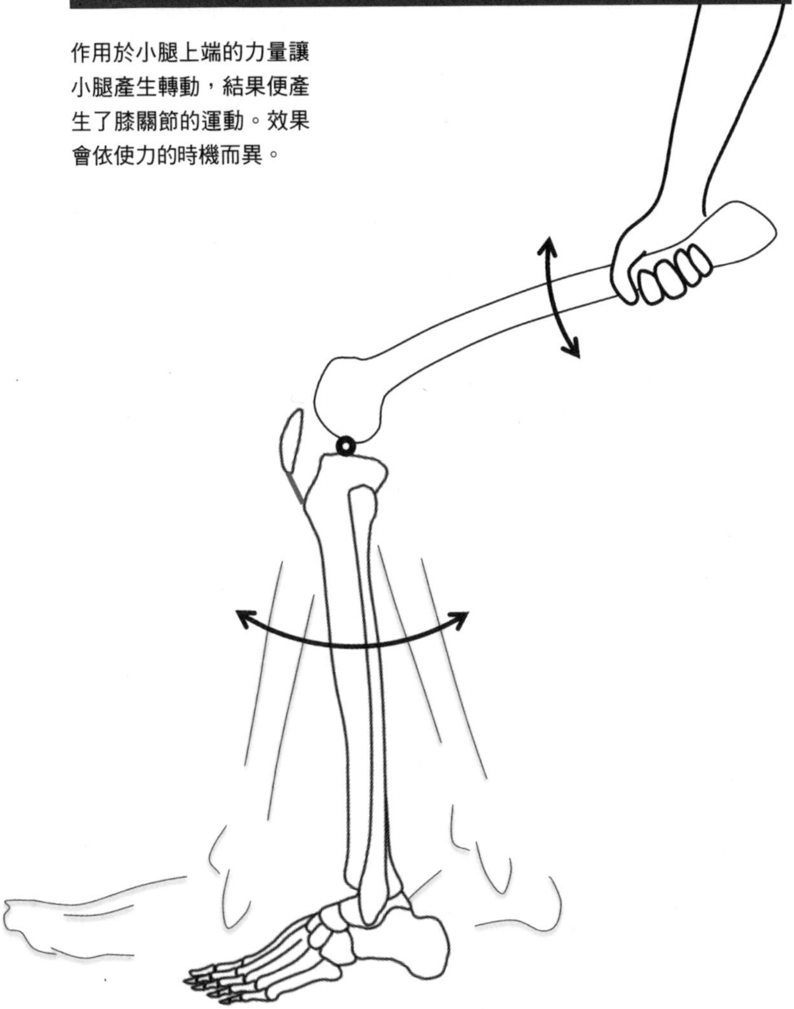

話說回來，產生圖2這股關節力的力量又是來自何處呢？這股力量當然是來自移動股骨的手。若將同樣的膝關節動作放在活體上來思考，主要是作用於髖關節的肌群所造成的影響較大。從這個案例中可以得知，肌肉不僅直接作用於跨越的關節，有時也會透過身體的動作，作用於沒有接觸的關節上。

像這樣，明明沒有受到直接跨越該關節的肌肉干預，卻因為身體各部位的運動而產生的力量，嚴格說來稱為「運動依存力：motion-dependent force」，這股力量的成分還可進一步詳細區分。而揮動四肢末端是短跑或投球中最具代表性的動作，對運動的貢獻尤其重大，在思考動作技術的好壞或傷害發生的機制上，也發揮著重要的作用。

■雙關節肌可控制關節力？

關於這種關節力的控制，看得出來我們的肌肉骨骼系統在結構上搭配得恰到好處。以短跑為例，在非支撐腳邁出的狀態下，膕旁肌會透過伸展髖關節來作用於小腿上端，產生能伸展膝關節的關節力（實際上臀大肌與內收肌群等其他肌肉也同時發揮作用），與此同時也會屈曲膝關節，產生能夠制動小腿急遽踢出的張力（肌肉轉矩）（圖3）。

這股關節力所帶動的邁出動作，在高速的短跑中會變得極大，當膕旁肌無法承受時，非支撐腳的膕旁肌便會發生肌肉拉傷。我聽過一名短跑選手在實際以秒速超過12m的最高速度、不到20秒50便跑完200m後，說了這樣的感想：「在最高速度的狀態下邁出腳時，感覺小腿好像快飛到別處去似的。」

圖4是正在施壓地面、試圖推動全身時的下肢示意圖。閉鎖式動力鍊（Closed Kinetic Chain）是讓足底緊貼地面、下肢困在地面與全身的巨大負荷之間，在這種運動中，踝關節蹠屈肌群藉著撐起小腿將膝關節往後壓，具有伸展的作用（圖4a），由此可知，跨越膝關節的雙關節肌「腓腸肌」的構造配置是：當蹠屈力變強時，也會強力作用於膝關節屈曲（圖4b）。

這樣的雙關節肌或許具備了預防的功能，可避免關節力的作用

在揮動四肢末端的動作中，
運動依存力的貢獻尤其重大。

圖3　高速快跑中的大腿回擺狀態

透過大腿回擺（A）產生讓膝關節回到後方的關節力（JF），這種關節力會順勢產生讓小腿往膝關節伸展方向強力踢出的作用（B）。此時膕旁肌是伸展髖關節的主動肌，同時還兼任制動小腿的任務。

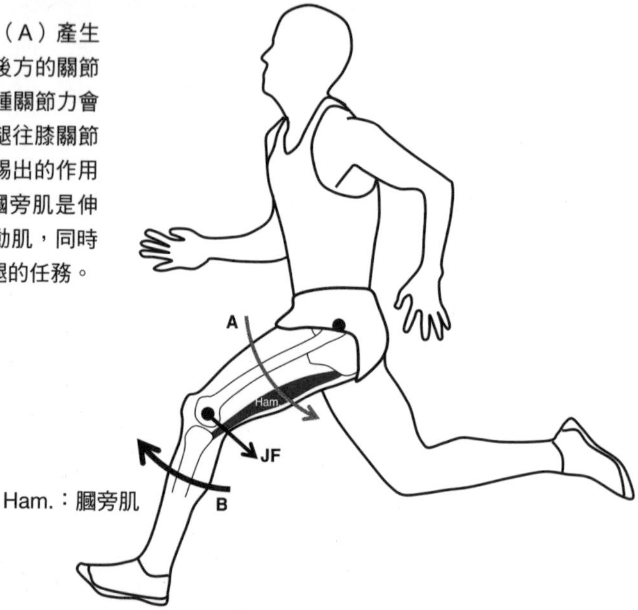

圖4　比目魚肌可伸展膝關節

在足底完全著地的狀態下，以踝關節蹠屈肌群撐起小腿，伸展膝關節。（a）的示意圖僅標示出比目魚肌。腓腸肌和比目魚肌一樣都有撐起小腿的作用，但也具備屈曲膝關節的作用，以抵銷撐起小腿的力量（b）。

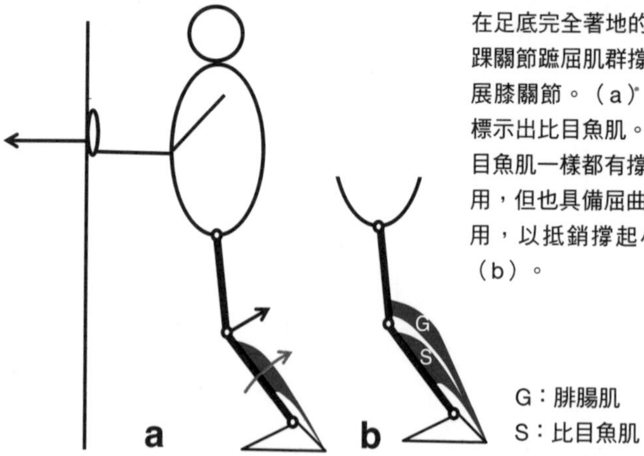

極端地活動關節而造成破壞。舉個稍微不一樣的例子，有一種想法認為，膝關節在垂直跳躍中會有爆發性的伸展，卻不會因為過度伸展而遭受破壞，是因為腓腸肌的雙關節性（跨越膝關節產生屈曲力）發揮了作用。關於雙關節肌的詳細特性，將於〈主動肌與拮抗肌〉、〈關於膕旁肌〉兩個章節中穿插具體案例來介紹。

型態與功能的關聯
學習解剖學的意義

沒有構造，功能就不成立

跟十幾年前相比，現代的訓練環境有了莫大的變化。以前每位競賽選手要親眼目睹國外訓練現場的機會極其渺茫，我想絕大多數的選手都是動員所有從難得機會中汲取的資訊，以及各種學習得來的知識，自行創造出一套訓練方式，再從試錯與摸索中不斷改善。

現代則是從影片分享網站等處取得資訊，在自行思考之前，就先目睹了世界頂尖競賽選手的訓練方式。有時還會看到這樣的情況：選手沒有深思那些方式背後的考量，雖然試著效仿，卻流於形式而未觸及核心的理解，結果白白浪費了難得的資訊。

有鑑於這樣的狀況，我認為，競賽選手與指導者皆須具備「能有所依據地針對每一種訓練方式加以說明並判斷」的態度及扎實的能力。而要找出訓練方式的根據，最大的理論基礎便是解剖學上的知識與發想。

思索動作與功能時，必須以「構造的存在」為前提，畢竟沒有構造，功能就不成立。很多時候我們可以透過理解構造，讓限制功能的主要因素或改善功能的途徑變得更加明確。尤其是在功能異常的應對上，對構造的理解更是不可或缺。

請試著想像一下要在不清楚構造的狀態下修理汽車。就以單純引擎發不動來說，原因是電池沒電？沒油了？還是電力方面的系統出狀況呢……？如果具備構造相關的理解，那麼看轉動車鑰匙時的反應或聽聲音，便可推知「一二」。倘若對構造一無所知，那麼即便取得相同「症狀」的相關資訊，想像範圍也會受到限制。

同理，在不了解汽車構造的情況下，能夠探討輕量化、改善強度、提升燃料消耗率和輸出功率嗎？不得不說這些絕非易事。大家可以把自己的汽車交給一個對汽車構造一竅不通的人去修理或保養嗎？維修員的學習始於對汽車構造的理解，這麼說也不為過吧？

我希望大家再次確認一件事：在試圖提升功能或處理功能異常時，必須具備對構造的理解。

話說回來，一流的競賽選手在理解解剖學上的事實與觀點後，是如何將之活用在競賽上的呢？在此容我介紹一些身邊的例子吧。

頂尖運動員與解剖學

我讀過的一篇採訪報導裡提到，桌球選手福原愛「非常喜歡」人體的骨骼模型（asahi.com, 2016）。福原選手在2012年倫敦奧林匹克運動會中贏得銀牌後，接受了手肘手術。據說她看著當時拍攝的X光片上僅以三根骨骼支撐的手肘，心想著：「沒有一絲多餘，真美。」她似乎便是從那時開始對自己的身體內部產生興趣，還買了人體結構的書籍來學習骨骼與肌肉的知識。

經過這些學習後，她會在實際動作時意識著肌肉與肌肉之間的連結，結果提升了訓練與按摩的效率。報導中甚至有段介紹寫道：她已經能在腦中有具體想像的情況下揮動球拍，比如要讓球強勁旋轉時，應該有意識地驅動哪條肌肉才好等等

（asahi.com, 2016）。

這可說是解剖學觀點的活用直接對訓練、體能訓練與表現本身造成巨大影響的最佳範例。就連活躍於世界頂端、國外比賽經驗也很豐富的福原選手，都能從解剖學中獲得新的改變契機，我對此深感興趣，真希望能深入問出更多細節。

另一方面，競速滑冰選手小平奈緒一直都有效活用解剖學的知識來進行訓練，此事早已不是新聞。在採訪小平選手的電視節目中，看著她手拿囊括解剖學知識的專業書籍，同時琢磨著新點子的畫面，我心想：「這再理所當然不過了。」

比方說，她理解骨盆底肌群的構造，並以此為輔助，持續深入追求在滑冰中進行推進時，身體軸心與骨盆傾斜度的最佳控制方式。小平選手的教練結城匡啟曾說過：「功能解剖學的知識有助於解決問題。（中略）如果能以解剖學為基礎來解說技術，還能藉此編排出隔年的訓練項目。」他也經常把解剖學的重要性掛在嘴邊（結城，2017）。

有篇文章（結城，2017）中列舉了他對功能性肌力平衡的觀點：「從建構上半身與下半身關係的菱形肌，經過腹部肌群一直到骨盆，這些軀幹肌群之間的連續性；髂腰肌的體能訓練與滑冰之間的關係；四頭肌與膕旁肌之間的關聯及左右側的差異；同樣是膕旁肌，下側的短頭與上側的長頭在柔軟度上的平衡；骶骨的運動與臀大肌、梨狀肌的狀態之間的關係；跟骨的傾斜度與小腿三頭肌的張力之間的關係」……文中洋洋灑灑羅列了解剖學的用語。他已經思考到這種程度了嗎……？一般人應該會對此感到非常吃驚吧。

然而，企圖在已經高度熟練的運動中探尋進一步改善的突破口時，理解運動發生的地方（即身體）所具備的功能性特徵及其極限，從中汲取靈感以找出適當的方案，在我看來這些都是身為競賽選手理所當然的準備工作。

解剖學知識的功與過

我們人類的身體，是由複雜的構造透過極其精妙的組

在已經高度熟練的運動中試圖進一步改善時，
理解身體所具備的功能性特徵及其極限，
從中汲取靈感以便找出適當的方案，
這些都是身為競賽選手
理所當然的準備工作……。

成來控制，因此在日常生活中，即便沒有意識到詳細的解剖學構造也能生活無礙。然而，如果脫離日常生活，意圖提升競賽表現的時候又會如何呢？試圖提升身體的特定功能時，或是探究受傷的原因並試圖從受傷中復原時，有些時候就不得不思索這些功能是如何構成的。

另一方面，若把身體視為一個達到和諧的系統，以整體來感受、理解並操縱時，有時加深對個別部位的認識其實也有不好的一面。倘若過度執著於解剖學構造的細節，結果看不見動作的整體樣貌，那麼對解剖學資訊的理解有時反而會限制了表現。

加強特定部位的意識而忽視了其他部位，或是一直以來在無意識中控制的動作反而變得不靈活，這些都是許多競賽選手經歷過的事。

相反的，我們身體已經習慣、無須深思自然而然就在做的運動，若要大幅改變來提升表現，或是推究出表現受限的主要因素，或是排除傷害的原因，則過程如前面所述。

我再重申一次，若要尋求解決方案，比如從已經效率化且穩定的系統中釐清問題點，並找出哪裡有突破口，或者是預測改變運動型態必然會增加哪些負擔等等，對解剖學上構造的背景有所理解是可以派上用場的。

有些競賽選手的競賽表現已經提高至某種程度，且系統已經趨於穩定，當他們志在進一步提升表現時，為了打破既有的平衡狀態，有時必須嘗試去刺激特定的運動要素之類。

理解解剖學上詳細的構造，便可在這種情況下發揮出真正的價值。這種時候主要是針對一些已經達到絕佳效率且趨於穩定的運動類型，施加刺激以求產生特定目的的型態變化。

動作矯正或訓練的特定行為將會對系統造成什麼樣的影響呢？期待有精確效果時，就必須對此做出某種程度的預測，而對解剖學構造的相關理解在這種時候大有助益。對構造有正確的理解有助於更確實地預測特定行為所帶來的成果，而這對競賽選手來說，也是對解決方案懷抱信心的重要契機。

關於積極改變運動型態的情景，不妨以矢狀面內的骨盆傾斜與肌群之間的關係為例來思考（圖1）。此圖是從外側觀察右邊髖關節的示意圖。以示意圖標示出骨盆在矢狀面內的運動涉及了哪些肌群。依股骨頭（圖中●）與肌肉拉力線的位置關係來劃分，以紅色標示作用於骨盆前傾的肌肉，作用於骨盆後傾的肌肉則以黑色來標示。

比方說，想要緩解跑步時骨盆過度前傾的問題時，便可從解剖學的構造中得出各式各樣的方案。

舉一個淺顯易懂的例子來說，若著眼於以紅色標示、作用於前傾的肌群，便會產生「試著透過拉伸動作等來消除髂腰肌的緊繃吧」的想法。

另一方面，倘若「希望避免因為髂腰肌太鬆弛而導致髖關節屈曲的時機延緩或回彈力變差」，又有什麼樣的解決之策呢？這次改著眼於以黑色標示、限制前傾的肌群，或許會冒出「試著縮緊腹部，提高腹直肌的緊繃度，積極控制骨盆往後傾吧」、「試著讓臘旁肌發揮作用的時機提前吧」等想法。

以解剖學為根據來展示這類方案，不僅可以釐清動作矯正

對構造有正確的理解
有助於更確實地預測
特定行為所帶來的成果，
也是對解決方案懷抱信心的重要契機。

圖1　骨盆前傾、後傾與肌群的關聯性（從外側觀察右邊髖關節的示意圖）

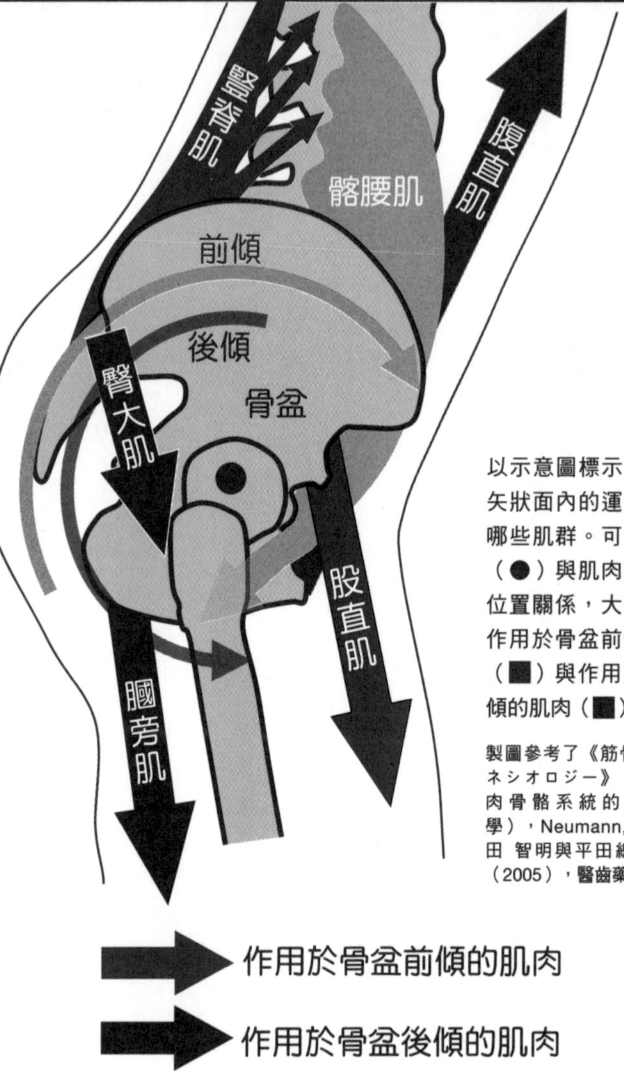

以示意圖標示出骨盆在矢狀面內的運動涉及了哪些肌群。可依股骨頭（●）與肌肉拉力線的位置關係，大致分類為作用於骨盆前傾的肌肉（■）與作用於骨盆後傾的肌肉（■）。

製圖參考了《筋骨格系のキネシオロジー》（暫譯：肌肉骨骼系統的人體運動學），Neumann,D.A著，嶋田 智明與平田總一郎合譯（2005），醫齒藥出版。

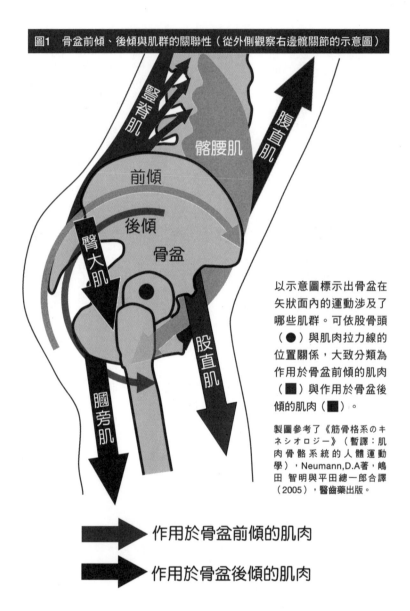

或是訓練的方向，還能讓結果預測變得更容易，也便於整理評鑑的指標。實際在塑造運動動作的整體樣貌時，過程大多沒這麼單純，但是如果大家能在各種場合中，試著將解剖學套用在各個部位來思考，將是筆者莫大的榮幸。

關於肌肉型態（Muscle Architecture）

「在意肌肉症候群」這種病!?

職業病使然，我總是很在意肌肉。吃炸雞的時候也是，會不禁思考這塊肉是雞的哪個部位？又是相當於人類的哪個部位？

比方說，小雞腿肉相當於人的上臂部位，一想到這裡，再觀察小雞腿肉的骨骼，就會覺得比較大的骨頭那邊愈看愈像人的肱骨頭。把肉刮掉後，有個殘留在比較大的骨頭附近、如短小肌肉又如肌腱般的殘餘部分，這是胸大肌？背闊肌？還是大圓肌？試著這樣觀察也別有樂趣。

仔細觀察不同部位的肉之間的差異，也會激發出各式各樣的想法。雞胸肉本身就是大塊的胸肌，肌肉組織當然很密集，中間沒有脂肪組織進入的餘地，故而肌肉量很明顯。反之，雞腿肉應該是將大腿髖關節周邊的肌群集結為一體，所以是由多條肌肉所構成，自然有空間讓結締組織與脂肪組織進入肌肉之間。應該是這個緣故，所以一般都說雞腿肉的脂肪比雞胸肉還要多。

若觀察每一條肌肉，無論哪個部位的肌腹本身都是「肉」，並不是說大腿肉裡必定會有「油花」，但只要將「胸部肌肉及周邊組織」與「大腿肌肉及周邊組織」兩相比較，脂肪組織量的差異便一清二楚。

所謂的肌肉型態

話說回來，說到肌肉的基本構造，一般都會有什麼樣的印象呢？有出自骨骼的起始腱，有肌腹，接著經由停止腱抵達骨骼——這或許是一般的印象。

這種肌束與肌腱的配置又稱為「肌肉型態」。圖1A是「有如畫

有出自骨骼的起始腱，有肌腹，
接著經由停止腱抵達骨骼。
這種肌束與肌腱的配置又稱為「肌肉型態」。

圖1　各式各樣的肌肉型態

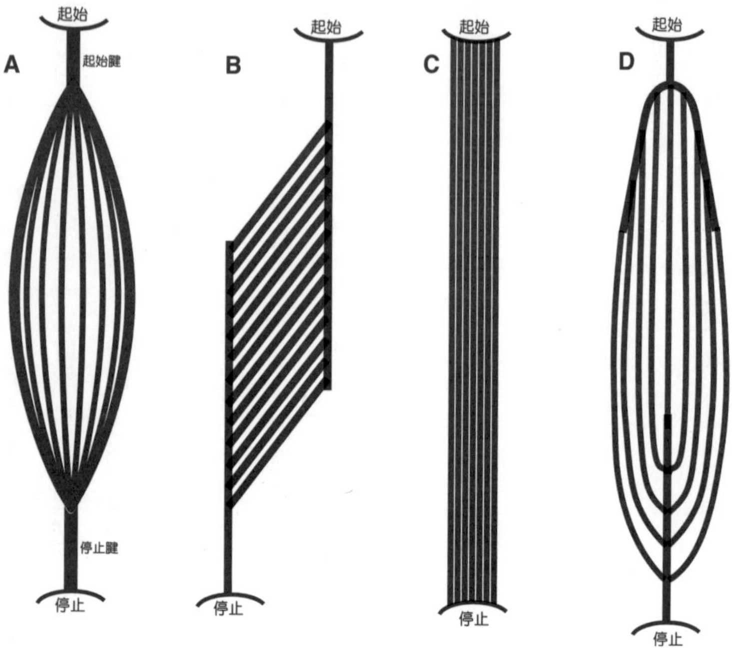

A：「有如畫裡所描繪的」梭狀肌。實際上很難呈現這樣的構造。

B：以腓腸肌為代表的羽狀肌之構造。

C：幾乎沒有羽狀角的肌肉構造（縫匠肌、涉及眼球運動的肌群etc.）。

D：肱二頭肌的實際構造（縱截面）。構造呈紡錘狀，但肌束大範圍附著於筋膜上。

裡所描繪的」紡錘狀肌肉示意圖，但是這樣的肌肉真的存在嗎？

我曾實際解剖過靈長類、觀察過在活體皮下活動的肌肉、從超音波斷層掃描的影像觀察運動中的肌肉動態，並且在這些過程中察覺到，實際的肌肉構造和自己至今為止的籠統認知未必一致。

我以前一直認為，肌肉與肌腱是點對點相接，肌腱接合處容易受傷的原因就在於接點處的負擔（應力）太集中。然而，試著觀察各種肌肉後，我發現個別的肌束與肌腱雖是以點相接，但若從肌腹整體與肌腱的關係來看，肌纖維、肌肉與肌腱之間的接點基本上是以面相接。比方說，我原以為肱二頭肌是呈漂亮的紡錘狀，後來才知道其構造是藉由廣泛的腱膜有效確保肌纖維的附著面積（圖1D：Nelson et al., 2016）。

筋膜與筋膜之間以比較短的肌束相接，這樣的構造在我們的運動系統中非常常見。若以圖來呈現這種構造便如圖1B所示。擁有如圖中這種型態（architecture）的肌肉中，最具代表性的便是腓腸肌。腓腸肌的停止腱雖是廣泛的腱膜，但寬度漸漸變窄、變厚，即成了阿基里斯腱。起始腱起始於股骨，跨越膝關節直到小腿，提供了廣泛的附著部位。

肌肉便是利用這樣的構造來避免負擔（應力）集中於局部，安全地將巨大的張力傳遞至腱膜。

羽狀肌的特性

那麼，當肌纖維的走向與肌肉拉力線呈平行或非平行的情況下，會有什麼樣的差異呢？在圖1B中，我們將腱膜與肌纖維（肌束）所形成的角度比擬為鳥類羽毛的形狀，稱為「羽狀角（pennetation angle）」。

圖2這張示意圖大略表示出了羽狀肌的構造與橫截面積、收縮速度之間的關係。肌纖維走向與拉力線平行的肌肉（即羽狀角0°），肌纖維（肌束）的收縮方向即為肌肉全長的收縮方向，所以在速度上沒有損失（圖1C）。反觀有羽狀角的肌肉，肌肉全長的收縮速度則是肌纖維的實際收縮速度乘上cos θ（θ：羽狀角）。

幾何學上明確顯示出，羽狀角愈大則肌肉全長的收縮速度損失就愈大。如此看來，同時屈曲髖關節與膝關節的構造「縫匠肌」與驅動眼球的肌群中，幾乎沒有

圖2　肌肉型態對截面積與收縮速度的影響

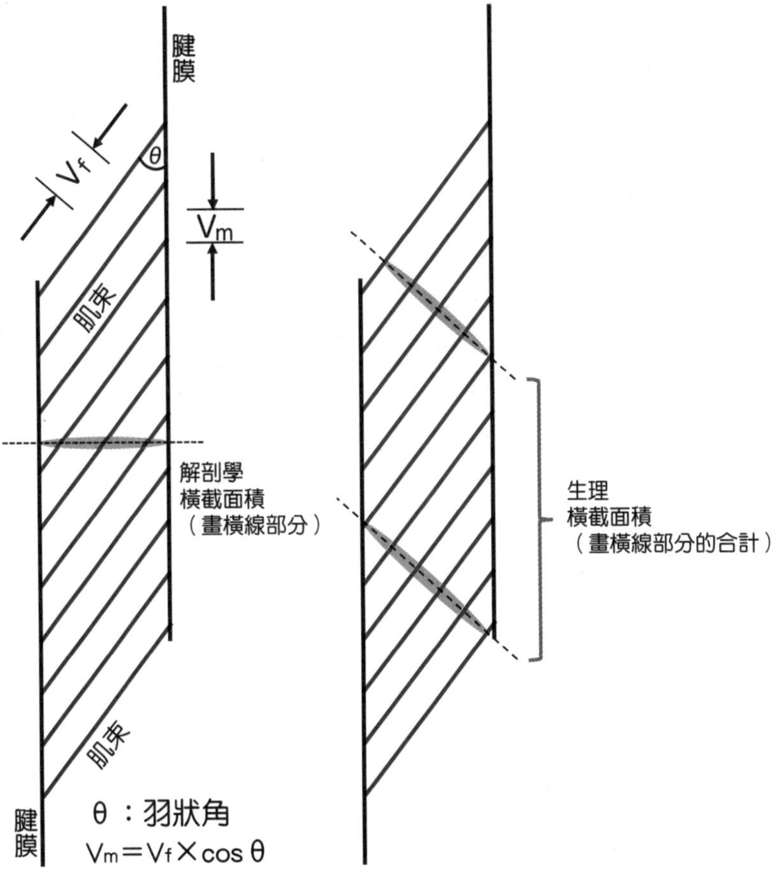

受到羽狀角的影響，肌束的收縮速度乘上cos θ 即為肌肉全長的收縮速度。決定肌肉張力的生理橫截面積則為與肌束垂直相交的截面積之總和，以羽狀肌來看，和解剖學橫截面積並不一致。示意圖的例子顯示，生理橫截面積為解剖學橫截面積的2倍以上。

羽狀角，以比起張力更重視速度的觀點來說，或許是很合理的。順帶一提，一般認為縫匠肌是人體單條肌束或直向排列的肌束中最長的肌肉。

另一方面，把焦點轉移至肌肉整體所發揮的張力上，一般來說，肌肉所發揮的張力會與肌肉的截面積成正比。然而，此說法未必正確。橫切肌肉全長時的截面積稱為「解剖學橫截面積」。如果是有羽狀角的肌肉，從這種截面積計算出的張力會與實際的張力有所不同。

實際的張力是取決於肌肉的「生理橫截面積（PCSA，Physiological Cross Sectional Area）」。生理橫截面積是往垂直於肌纖維的方向切出截面後所獲得的截面積之總和（圖2 Haxton, 1944）。以圖2的例子來看即可知道，生理橫截面積為解剖學橫截面積的2倍以上。擁有這種構造的羽狀肌在收縮速度上雖然會有損失，不過優點是儘管附著部位狹窄，也能發揮出巨大的張力。

以大腿前面的雙關節肌「股直肌」為例，雖然全長較長，卻是由較短的肌束所構成，因此具備極大的生理橫截面積。股直肌較為人所知的功能便是將髖關節的伸展力傳遞至膝蓋，雖然犧牲了收縮速度，卻能發揮巨大的張力，就實現傳遞力量的功能來說，這樣的構造可說是很合理的。

小腿的羽狀肌及其三次元結構

我們不妨試著再稍微詳細觀察羽狀肌的構造。當我們踮起腳尖時，便可觀察到小腿肚上「比目魚肌與腓腸肌的交界處」出現高低差（圖3的☆1）。這段高低差的膝關節側其實是腓腸肌的起始腱膜，小腿側則為停止腱膜。高低差的部位正是肌束部分位於皮膚正下方的位置。

小腿前面也是一樣，用力背屈踝關節時，便可看出脛骨前肌所造成的高低差。脛骨前肌的起始腱膜位於脛骨前方外側皮膚的正下方，為肌肉提供了較廣泛的起始點。至於小腿前面的高低差（圖中的☆2），一般認為膝側為脛骨前肌的起始腱膜，踝關節側則為停止腱膜，而高低差的部位即為淺層的肌束。

如圖3所示，脛骨前肌包括了起始於起始腱膜的淺層肌束，以

羽狀肌的構造是，只要踮起腳尖，
便可觀察到小腿肚上「比目魚肌與
腓腸肌的交界處」出現高低差。

圖3　腓腸肌與脛骨前肌的三次元肌肉型態（右小腿）

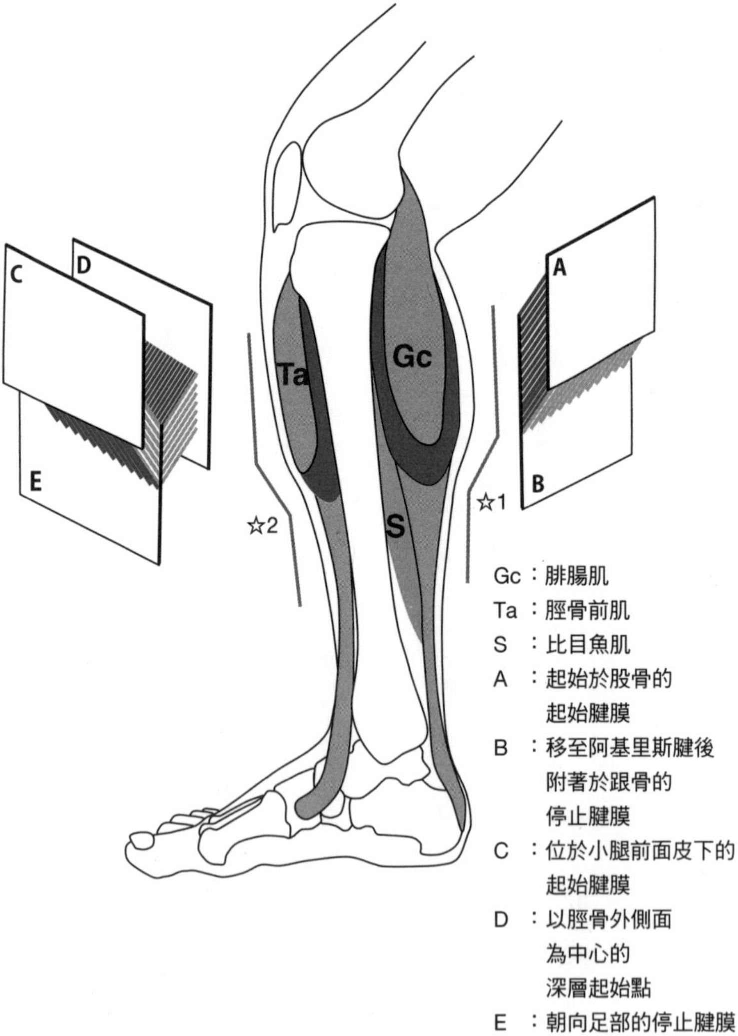

及起始於脛骨外側與小腿骨間膜的深處肌束。以超音波進行斷層掃描時便一目了然，這條肌肉的縱截面剛好狀似鳥類的羽毛。請以圖3的示意圖試著想像看看。

主動肌與拮抗肌

當單關節運動轉為多關節運動……

我們的全身上下都配置了各種型態的肌肉，每條肌肉的作用都與該肌肉所跨越的關節密切相關。比方說，兩兩成對的屈肌與伸肌。這裡讓我們以跨越肘關節的肌肉為例來看看。肱二頭肌（肘關節屈肌）的拮抗肌即為肱三頭肌（肘關節伸肌）。

一般來說，拮抗肌會抵抗主動肌的作用，而主動肌的活動中會發揮一股「抑制拮抗肌」的力量，來抑制拮抗肌的活動。實際拿啞鈴試試二頭肌彎舉的動作，即可確認此言不假：肱二頭肌強勁收縮，肱三頭肌則呈鬆弛狀態（圖1）。

這項事實套用在單關節運動確實無誤，但若換作是多關節運動，便會出現許

圖1 二頭肌彎舉

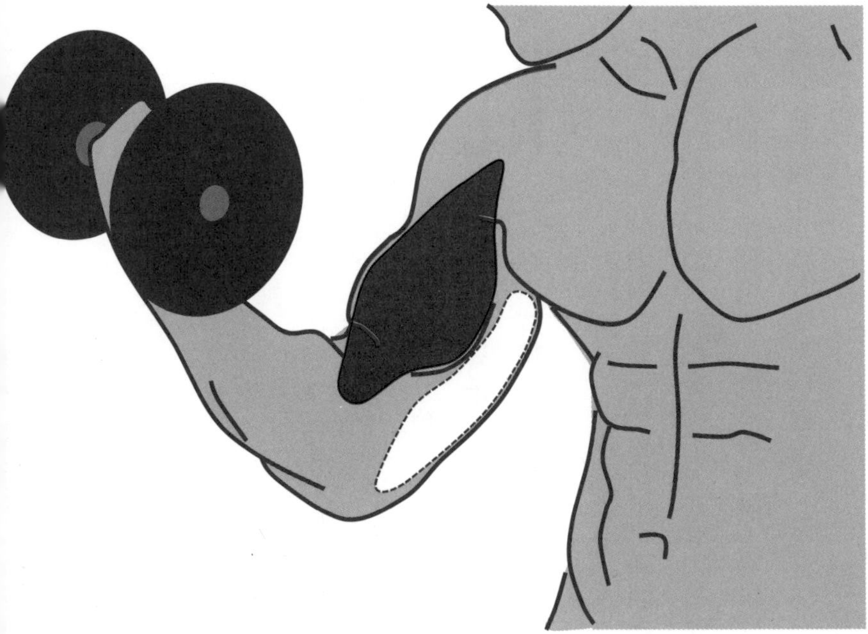

拮抗肌會抵抗主動肌的作用，
而主動肌的活動中會發揮一股
「抑制拮抗肌」的力量，
來抑制拮抗肌的活動。

多無法以這種分類來說明的案例。

自行車踩踏的案例

由荷蘭人G. J. Van Ingen Schenau（據說他密切參與了開合式冰刀（clap skate）的開發）所主導的團隊提出了一份報告（van Ingen Schenau et al., 1994），這裡便試著根據該報告來介紹自行車踩踏的案例。

圖2以示意圖表示出踩踏自行車的狀態。自行車的踩踏是一種結合髖關節、膝關節與踝關節動作的運動，這點自不待言。不過這裡我想把焦點放在髖關節與膝關節。

圖2A與圖2B的共通點在於：踏板在這個時間點還位於高處，正要往下踩。仔細端詳，A踩下踏板的力道是稍微往前，而B則是朝後。若把焦點移至肌肉活動上，在踩踏板的期間，單關節的伸肌（臀大肌、股肌群）始終持續在活動。另一方面，雙關節肌的狀態在A與B中則截然不同。

換言之，A是股直肌與股肌群同時作用，而B則是由膕旁肌與股肌群同時作

圖2　發揮踩踏力量時的方向調節與大腿雙關節肌的參與
（製圖參考了Van Ingen Schenau et al., 1994）

G：臀大肌　A：反作用力F1是朝前下方。涉及肌肉活動的有膝蓋、髖關節
V：股肌群　的單關節伸肌＆股直肌（雙關節肌）
R：股直肌　B：反作用力F2是朝後下方。涉及肌肉活動的有膝蓋、髖關節
H：膕旁肌　的單關節伸肌＆膕旁肌（雙關節肌）

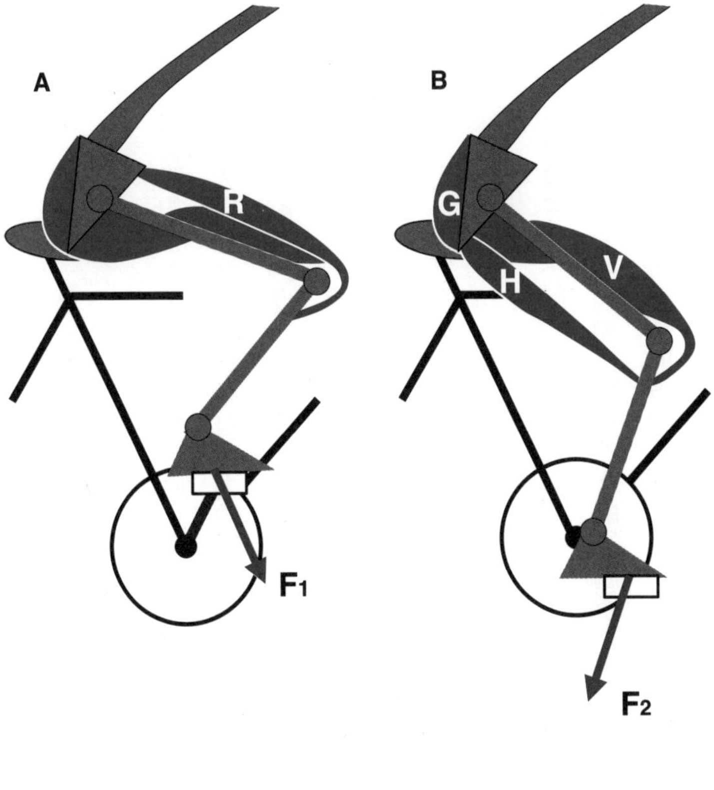

用。在這個案例中，A的髖關節處有屈肌「股直肌」與伸肌「臀大肌」同時活動；B的膝關節處則有伸肌「股肌群」與屈肌「膕旁肌」同時活動。換言之，在這裡可以觀察到多條拮抗肌同時活動。

若論及機制，以A來說，股直肌的張力（可緩和臀大肌所帶動的髖關節伸展）正好活用於膝蓋的伸展上。即便臀大肌在這個位置獨自努力伸展髖關節，對於需要往前方使力的腳尖運作也幾乎毫無貢獻。因此，股直肌的參與就變得舉足輕重。

在B的案例中則可看出，透過膕旁肌的參與，抑制了股肌群的膝伸展力矩，還同時有效率地進行伸展髖關節的動作。以這個例子來說，即便股肌群獨自努力伸展膝蓋，對於朝後方使力的貢獻也不大，但是在與膕旁肌合力運作下，就對髖關節產生了效果。

前述的荷蘭團隊認為，bifunctional（一邊關節有屈肌的作用，另一邊關節則有伸肌的作用）的雙關節肌應該會在鄰接的關節之間處理單關節肌所產生的力量，分配關節之間的負荷，或是調節最終力量所發揮的方向。

在我們從椅子上站起來的動作中也可以看到同樣的案例。從坐在椅子上的狀態下，用雙手從前後方抓住大腿部位，直接這樣站起來試試。應該可以摸到股肌群與膕旁肌雙方的收縮。

擲鐵餅競賽選手在投擲時的肌肉活動

關於更快速的推進，就以筆者實際測量肌肉活動的例子來看看吧。

圖3顯示出日本國內頂尖的男子擲鐵餅競賽選手在投擲時，右下肢（負責推進全身、旋轉骨盆等主要任務）的肌肉活動。這時的技術面課題在於，全身要往投擲的方向推進，並讓右髖關節往投擲方向推出去，換句話說就是旋轉骨盆。上圖表為肌肉活動的樣態，下圖表則是表示關節角度的位移。投擲者以全身轉一圈後，右腳著地（圖中2），隨即左腳著地（圖中3），即完成投擲的姿勢（power position，爆發位置）。

在這種狀態下，髖關節是先暫且屈曲，隨後便逐步伸展開來。膝關節則是在屈曲狀態下讓左腳著地，在投擲動作的初期保持屈曲姿勢，隨後才緩緩轉為伸展。換言之，此推進動作可說是以髖關節為中心，不依賴膝蓋伸展、強調擺盪

圖3　在擲鐵餅（右投）時，右下肢的肌肉活動與關節的位移（筆者測量）

到了圖中3-4的階段時，膝關節已固定，髖關節則正在進行伸展。
這時股外側肌與膕旁肌正同時收縮著。

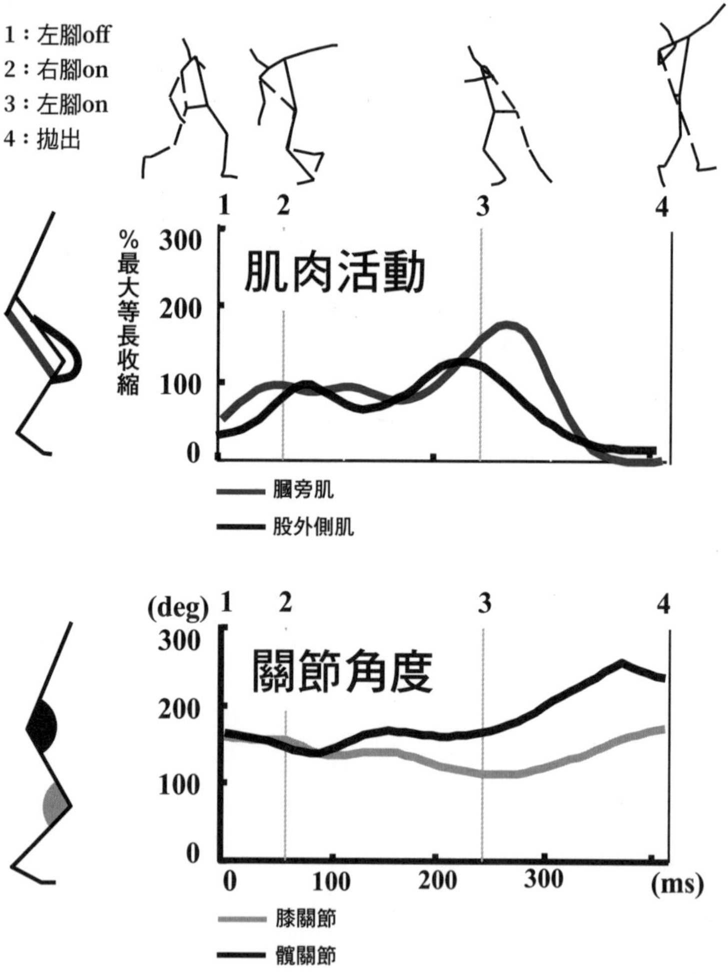

（swing）的動作。不僅如此，圖表所標記的關節角度中雖然看不出來，但下肢整體是一邊支撐著身體，一邊往投擲方向旋轉（髖關節內收並水平屈曲）。

關於肌肉活動，（圖中2）右腳著地時，股外側肌與臏旁肌就已經同時強力地活動著。在左腳著地即將完成投擲姿勢（圖中3）之前，股外側肌迎來了活動的巔峰，臏旁肌的活動則在那之後達到最高峰。尤其是在左腳即將著地前，可以看出股外側肌與臏旁肌同時提高了活動，積極打造出以髖關節為中心的下肢擺盪動作。使勁踩住地面並將髖關節推出去，這個動作的背後涉及了股外側肌與臏旁肌的同時收縮。

這樣的推進動作和一些短跑相關報告也有許多共通點，內容頗耐人尋味。圖4以示意圖來表示圖3中所呈現的肌肉活動情況。展現出以「不依賴膝關節的伸展，固定膝關節，同時伸展髖關節」的動作，使勁踩踏地面的樣子。

※

本節以小篇幅介紹了所謂多條拮抗肌共同運作的具體案例。這樣一路看下來便可明白，實際上，多關節運動中的系統是由單關節肌與雙關節肌進行複雜的調

圖4　在擲鐵餅時，右下肢的肌肉活動示意圖

股外側肌（V）與膕旁肌（H）同時收縮，維持膝關節固定，讓髖關節伸展開來。

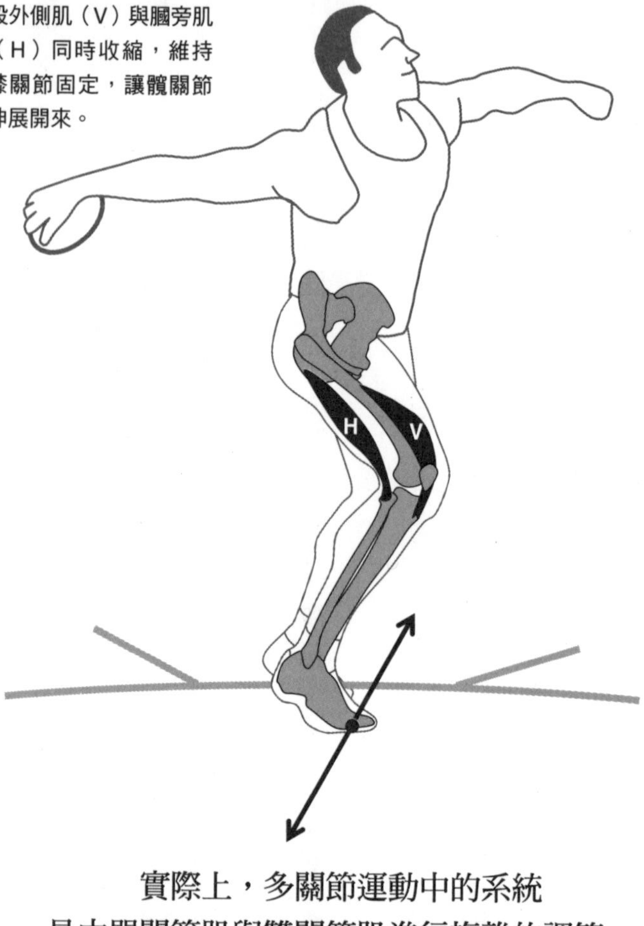

實際上，多關節運動中的系統
是由單關節肌與雙關節肌進行複雜的調節，
所以基於「伸肌與屈肌單純為主動肌與
拮抗肌的關係」這種框架的思維，
並不完全適用。

節，所以基於「伸肌與屈肌單純為主動肌與拮抗肌的關係」這種框架的思維，並不完全適用。尤其是結合單關節肌與bifunctional的雙關節肌來進行的運動調節，更是從功能解剖學的觀點理解我們的運動時之關鍵。

像這樣理解基本的架構，不但可以擴展平日訓練的發想，在復健的過程中，為了因應「控制受傷部位的負擔，同時施加負荷」這類的需求，這些知識也是不可或缺的。

描述動作的語言

要僅以語言來正確描述身體的部位或是姿勢出乎意料地困難。以下是電話中的對話。

A：「我的『手』的內側好痛。」

B：「是手指還是手掌？小指頭那側還是大拇指那側？」

A：「都不是，是手肘附近。」

B：「喔，你說的手是指手臂吧。那是手肘以上還是以下呢？」

A：「這應該是以上吧？我現在是躺著的……與其說是手肘，應該是稍微靠手腕才對。」

B：「那就是前臂吧。你一開始就說『前臂』嘛。」

A：「對，是前臂尺側近端1／3處。」

B：「……」

以語言正確表達姿勢或運動的困難度

如果換成運動的描述，就更加複雜了。這裡出個練習題讓大家小試牛刀。

比方以全身來表現令和的「令」字，若要用文字來描述這時的姿勢，內容會是如何呢？以解剖學的正位（容待後述）來說，應該會是「雙肩關節外展30°&雙手旋前90°」、「髖關節屈曲20°&頸椎伸展20°」、「左髖關節外旋90°」、「左髖關節屈曲40°的同時，左膝關節屈曲100°」（另有其他描述方式）。這裡故意不以圖來表示，請大家試試看。要以語言客觀描述全身的姿勢意外地複雜呢。

用不著看這些案例也知道，以語言正確表達姿勢或運動，其重要性是無庸置疑的。近年來相機與錄影機等影像機器的發展驚人，以圖像來溝通的例子應該也不少，即便如此，透過語言正確描述仍有其必要性。

在此想以幾個主要用語為題，來確認身體位置與動作的相關描述。

■解剖學的正位（Anatomical Zero Position）

指直立時，雙腳腳尖朝前、手臂垂下而掌心朝前的姿勢。描述關節動作時，便是以此姿勢為基礎（圖1）。

■近端與遠端

主要用於描述四肢（手腳）的部位。靠近軀幹（中樞）側為近端，靠近末梢側則為遠端。有時也會說近心臟側為近端，用來表達血管的位置等。上臂位於前臂的近端；相較於小腿，足部位於遠端（圖1）。

■起始與終止

用於描述肌肉附著部位的時候。一般來說，更接近近端的那側為起始，位於遠端的那側則視為終止。軀幹的肌肉等較難判斷近端或遠端，針對這個問題，有一種「主張」將動作較大的那側視為終止，但似乎未必如此。

圖1 解剖學的正位

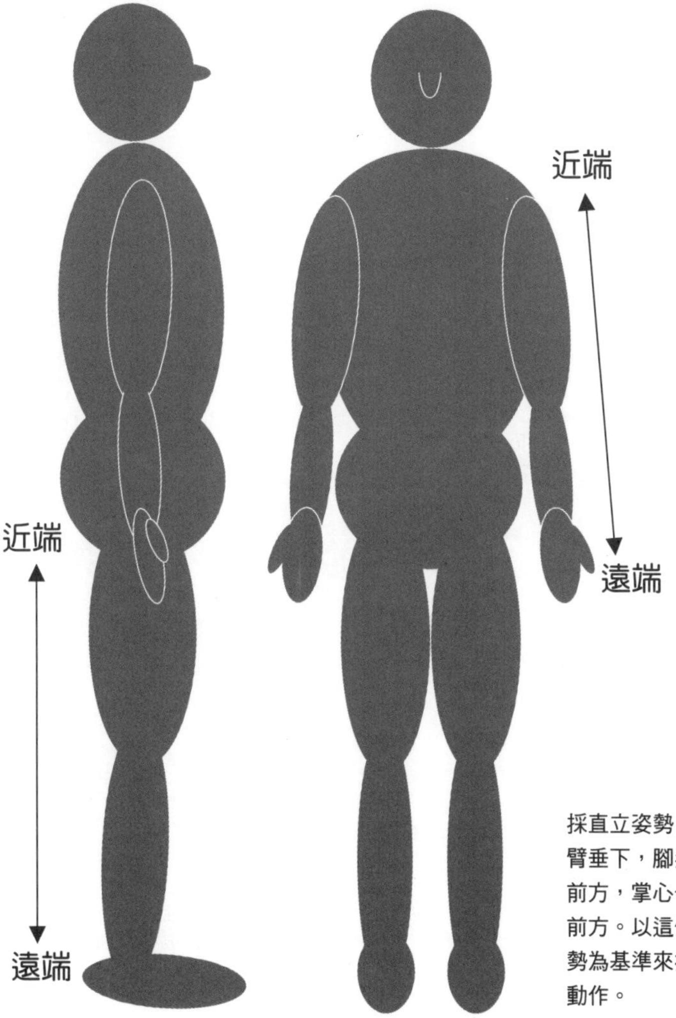

採直立姿勢，手臂垂下，腳尖朝前方，掌心也朝前方。以這個姿勢為基準來描述動作。

圖2　屈曲與伸展

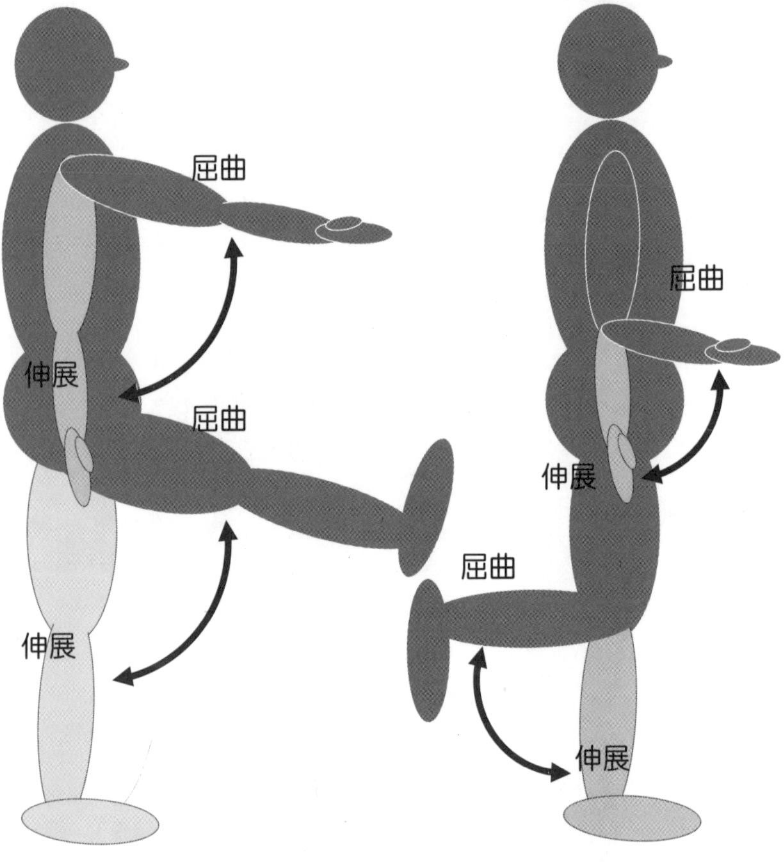

彎曲關節打造出角度即為屈曲，反之則為伸展。髖關節與肩關節皆往前方舉起亦為屈曲。

以腹直肌為例，一般認為是起始於恥骨，終止於胸廓。針對這種情況來思考，便可知道要判斷哪邊比較常動本身就是一件難事。根據Basmajian & Slonecker（1989）的說法，歷史上一開始是如何劃分肌肉的起始與終止才是關鍵，畢竟這些用語「並不是用來展現功能上的含意」。

■屈曲與伸展

所謂的「屈曲」，是指彎曲肢體的關節，打造出角度（圖2）。肘關節與膝關節的完全伸展姿勢是筆直的，所以屈曲時應該一看便知。下肢與髖關節從直立姿勢將膝蓋往前方舉起、打造出角度的動作即為屈曲，放下的動作則為「伸展」。上肢與肩關節可以做出大幅的過度伸展，雖然會有點混亂，但這部位也是往前方舉起的動作為屈曲，反之則為伸展。感到困惑時，不妨試著想成和髖關節的動作一樣來整理思緒。

■內收與外展

身體的中心稱為「正中」，以此為基準將身體均分為左右兩邊的面稱為「正中面」。肢體朝正中靠近的動作為「內收」，遠離正中的動作則稱為「外展」（圖3）。以解剖學的正位來說，將手臂從側邊往上舉起的動作為外展，反之則為內收。這種情況下，又稱為上肢外展或是肩關節外展。

外展是指遠離正中的動作，依循這個定義，肩胛骨遠離正中（視情況將肩膀往前推出）的動作即稱為肩胛骨外展。順帶一提，肩胛骨的關節盂朝向上方的動作，在動作上近似上肢的外展，所以有時會被混為一談，正式名稱為上迴旋，關節盂朝向下方的動作則稱為下迴旋。

腕關節（手腕）的內收與外展有時還有其他特定的稱呼，即「橈側偏移」與「尺側偏移」。掌心倒向拇指側的動作相當於外展，但以彎向橈骨側這層含意來說，稱為橈側偏移。反之，彎向小指側（即尺骨側）的動作則為尺側偏移。

圖3 外展與內收

四肢遠離正中面的動作為外展，接近的動作則為內收。肩胛骨也是一樣。須留意避免將肩胛骨的上迴旋與外展混為一談。

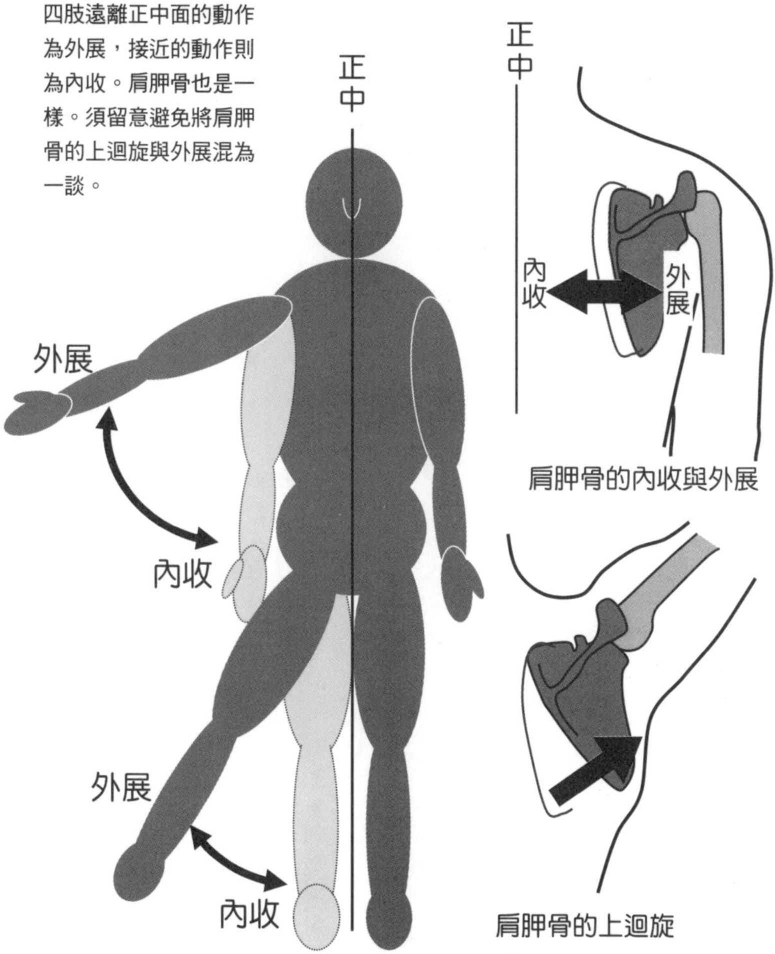

圖4　內旋與外旋

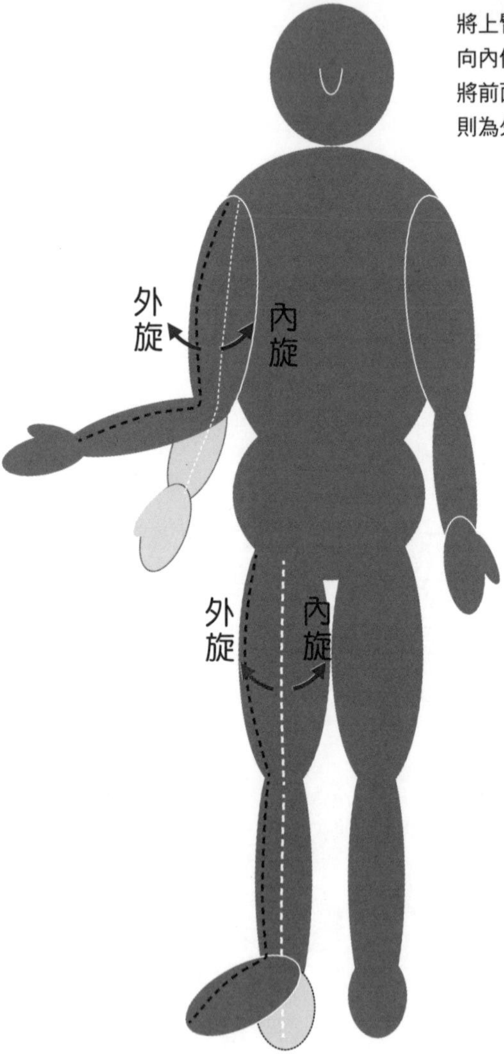

將上臂或大腿的前面朝向內側的動作為內旋。將前面朝向外側的動作則為外旋。

■內旋與外旋

會發生內旋、外旋的關節為盂肱關節（肩關節）與髖關節，還有幅度不大的膝關節。這種表達有時也會用於踝關節，尤其是後足部，但主要是指上臂、小腿、大腿長軸四周的旋轉（圖4）。這個用語容易和內收、外展混淆，必須格外留意。

上臂與大腿的前面朝向內側的動作為「內旋」，前面朝向外側的動作則為「外旋」，這樣記憶應該會方便許多，比較不會和外展姿勢或屈曲姿勢搞混。

內旋、外旋經常會與內收、外展混為一談，所以再次提醒大家要注意並確認清楚。

■水平屈曲（水平內收）與水平伸展（水平外展）

此為透過外展或屈曲舉起四肢的姿勢所產生的動作。肢體從舉起姿勢往正中面移動稱為「水平屈曲」，遠離正中面的動作則為「水平伸展」（圖5）。可以透過水平屈曲與伸展，往返於解剖學正位與屈曲姿勢或外展姿勢之間。

圖5　水平屈曲（水平內收）與水平伸展（水平外展）

將舉起的肢體往正中面靠近的動作稱為水平屈曲，遠離正中面則為水平伸展。

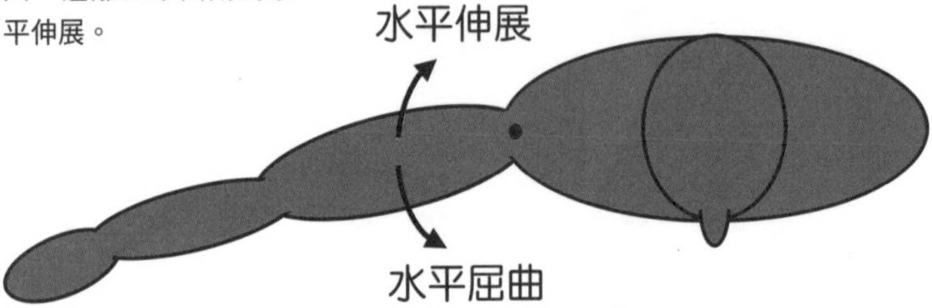

描述身體的位置與動作時，
必須在雙方都理解的情況下，
內容才能成功傳遞。
即便有一方正確地理解並使用用語，
若對方不具備該知識或理解，
資訊便無法順利傳達。

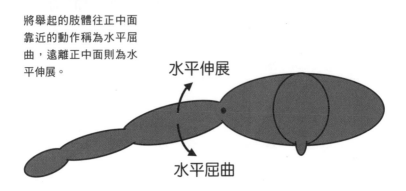

■旋前與旋後

用於手、腳運動的用語。手的「旋前」，是從所謂「向前看齊（手肘彎曲，掌心朝內相對）」的姿勢轉為掌心朝下的動作。若從掌心貼在桌上的姿勢來看，則可如此理解：旋前是把手背朝內側、旋後是把手背朝外側的動作。

嚴格說來，手的旋前是發生在肱骨與橈骨之間、前臂的橈骨與尺骨之間的運動，視為手部運動再自然不過了。

此用語亦可用於踝關節，一般來說用法和手部一致，若從足底貼著地面的姿勢來看，腳背朝向內側的動作為旋前，腳背朝向外側的動作為旋後。然而，每個學會對此定義的見解各異，我希望下次有機會再與其他踝關節的動作一併來探討。

關於用語，必須在溝通的雙方都理解的情況下，內容才能成功傳遞。即便有一方正確地理解並使用用語，若對方不具備該知識或理解，資訊便無法順利傳達。

從這樣的觀點來看，應該有不少機會需要用上這類表達方式，所以對這些現場的用詞遣字，要求的不僅是用語的嚴謹度，還必須落實在日常用語或是動作的描述上。

Chapter 2

關於內收肌

關於內收肌 其1
—內收肌群的構造與作用—

內收肌是樸實不起眼的肌肉

我們的身體裡有多條肌肉是以內收肌來命名。聽到內收肌，腦中首先浮現的應該是涉及髖關節運動的下肢內收肌群吧（順帶一提，以內收肌命名的肌肉中，還有一條叫做「內收拇肌」，能讓打開狀態的手腳拇指閉合）。

各位讀者對下肢的內收肌抱持著什麼樣的印象呢？一般從名稱來看都會籠統地認為應該是「作用於髖關節內收」或「閉合大腿」的肌肉，但其實還是對它一無所知吧？在特定的運動中，各位是否能意識到內收肌強烈作用的瞬間呢？

就連在一般的對待方式上，也會感覺到內收肌與其他肌群有些微差異。比方說，我們會說「你的膕旁肌好發達喔～」，卻不太會說「你的內收肌真漂亮」。我想大概和大腿內側這樣的位置也有關係，導致內收肌予人一種「不顯眼的肌肉」的印象。

筆者曾有過幾次這樣的經驗：進行深層又激烈的深蹲訓練後，在鄰接膕旁肌的內收肌部位感受到強烈的肌肉痠痛。在以擲標槍為代表的投擲競賽，或是棒球、足球等運動中，內收肌有時也會發生所謂的肌肉拉傷，女子長跑選手的骨盆部位（相當於內收肌群的附著部位）發生疲勞骨折的案例也很常見。

如此看下來，內收肌與其不起眼的印象完全相反，想必具備格外重要的功能性特性。在功能解剖學上亦是如此，若單以「作用於髖關節內收」這個觀點來切入，總覺得無法完全掌握其真正的面貌。

不僅如此，內收肌群還以「擁有足以與膕旁肌匹敵的生理橫截面積」而為人所知（Wickiewicz et al. 1983; Ward et al., 2009）。內收肌本身的分量如此龐大，單看這一點就可以認定，人體對這個肌群應該有很大的功能性需求（圖1）。

圖1　大腿中央橫截面示意圖（從下方觀察右大腿）

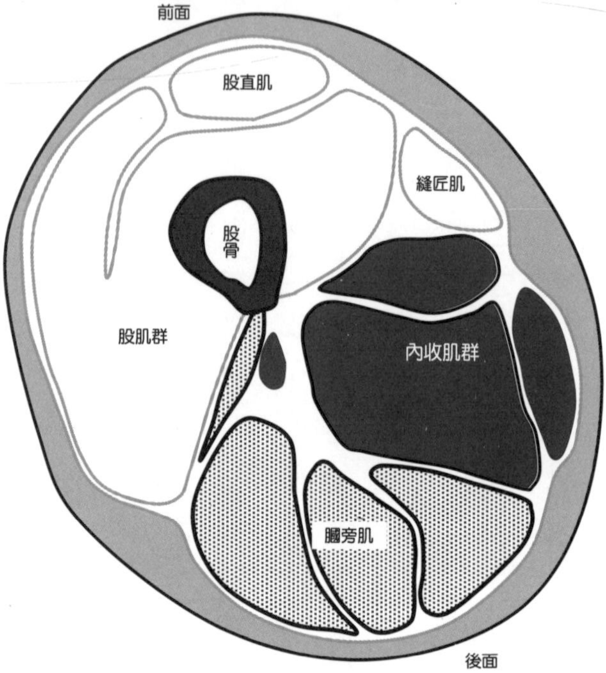

內收肌群踞於大腿內側後方，可看出其截面積與膕旁肌不相上下。

內收肌與其不起眼的印象完全相反，
具備格外重要的功能性特性，
並以擁有足以與膕旁肌匹敵的
生理橫截面積而為人所知。

何謂內收動作

所謂的內收動作是指「讓四肢靠近正中面」的動作。以下肢來說，是指藉著髖關節四周的運動將左右打開的下肢併攏的動作；若是上肢，則是將手臂從伸展成大字的姿勢往貼合體側的方向併攏的動作。與此相反，四肢遠離正中面的動作稱為外展。以上肢來說，是指將貼合體側的手臂從側邊舉起的動作；若是下肢，則是透過髖關節的動作讓腳從直立姿勢往左右打開的動作（參照P69）。

提供一點作為參考，描述這些內收與外展時，利用了與正中面的位置關係，這些基準也適用於肩胛骨。挺胸並讓兩邊肩胛骨內側緣互相靠近的動作稱為內收。反之，從「舉手向前看齊」的姿勢將肩膀再往前方推出，像這樣讓兩邊肩胛骨內側緣彼此分離的動作則為外展。這一點很常與肩胛骨的旋轉（上迴旋與下迴旋）混為一談，所以最好先確認清楚。

另一方面，若小腿往大腿的外展方向、前臂往上臂的外展方向位移，這樣的動作稱為「外翻」，是經常發生的動作，但在有些情況下會認定為關節的「脫位」

或異常運動，而非正常的關節運動。外翻與內翻這類用語似乎比較常用在調整四肢的表達上。

內收肌群的構造

為了進一步理解內收肌群的功能，讓我們針對構造來思考看看。內收肌群起始於涉及髖關節運動的坐骨結節（位於骨盆最下端以便在座位上能接觸座面）到恥骨聯合之間的骨盆下端，一直到股骨的後面（股薄肌跨越了膝關節），主要由閉鎖神經（部分股神經與坐骨神經）支配，這一整群肌肉都稱為內收肌群。

一般來說，此肌群是由內收長肌、內收短肌、內收大肌、股薄肌與恥骨肌所構成，不過股薄肌跨越了膝關節，所以大多認為其在功能上與其他肌肉有一線之隔。此外，以整體來說，此肌群佔去了大腿內側的大半部分，若將連結恥骨聯合與坐骨結節的圓弧視為底面，而膝關節的內側為頂點，此肌群便位於這個半圓錐形的空間中（圖2）。這裡讓我們著眼於以「內收肌」命名的三條肌肉吧。

話說回來，從內收肌這個名稱並不難想像，這個肌群的主要作用在於髖關節的內收。然而，內收肌群也有屈曲、伸展、內旋與外旋這些內收以外的作用。關於這一點，教科書的描述也沒有統一，仍有待確認。接下來將試著從功能解剖學的角度來思考內收肌群的作用。此外，這裡將排除跨越膝關節的股薄肌來繼續探討。

內收肌群的作用

肌肉對關節所產生的力矩（旋轉力）取決於「作用於附著部位的肌肉拉力線」以及「與關節運動軸的相對位置關係」。具體如何，讓我們以內收長肌為例來看看吧。

■髖關節在額狀面內的動作與內收肌群之間的關聯性

首先，我們針對髖關節在額狀面內的動作與內收肌群之間的關聯性來思考。從圖2可以得知，內收肌群在遠離髖關節中心處有條張力的作用線，如其名所示，很明顯具備內收髖關節的作用。從這樣一目了然的位置關係，便可理解為什麼取了「內收肌」這樣的名字。

圖2　內收肌群的位置關係（大山，2011）

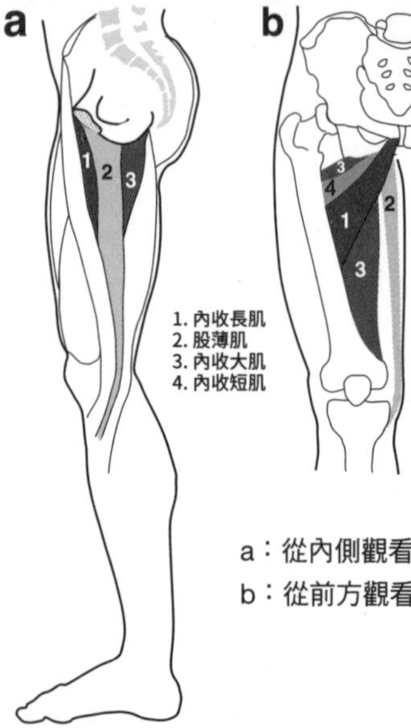

a：從內側觀看右下肢
b：從前方觀看右大腿

圖3　隨著髖關節的肢體位置而變化的內收長肌之作用（大山，2011）

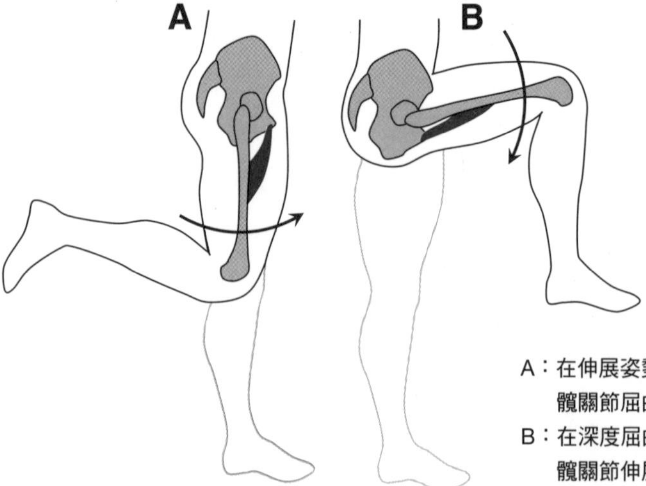

A：在伸展姿勢發揮
髖關節屈曲作用
B：在深度屈曲姿勢發揮
髖關節伸展作用

另一方面，還可以看出此肌群在某些部位的走向是沿著股骨的長軸。可以想見，這樣的構造會產生一股將股骨往髖關節方向拉攏的力量。

■髖關節在矢狀面內的動作與內收肌群之間的關聯性

讓我們進一步針對髖關節在矢狀面內的動作與內收肌群之間的關聯性來思考。圖3以示意圖標示出內收長肌與髖關節在矢狀面內的相對位置關係。從圖中可以看出骨盆下端的內收長肌的起始點，一般來說，採取最大屈曲姿勢時是位於股骨的背側，相反的，採取最大伸展姿勢時則是位於股骨的腹側（前方）。從投影於矢狀面上的力作用線與關節中心的位置關係可以得知，內收長肌的張力在（A）的肢體位置時會作用於髖關節屈曲，在（B）的肢體位置實則是作用於髖關節伸展。這點雖然有程度上的差異，但可以認定其他內收肌也相差無幾。

換言之，內收肌因其構造上的特徵而具備了這樣的可能性：根據肢體位置，讓矢狀面內的作用在髖關節的屈肌與伸肌之間做變化。

另一方面，無論這種內收肌的作用是屈曲還是伸展，以「讓髖關節從大幅位移回到中立位」的角度來看，其「執行的任務」——即功能上的要求是完全一樣的。關於這一點，在〈短跑與內收肌〉的章節會再詳加探討。

■髖關節在水平面內的動作與內收肌群之間的關聯性

最後，讓我們一起來思考髖關節在水平面內的動作與內收肌群之間的關聯性吧。大部分的內收肌終止於股骨的背側（後面）。若聚焦於骨骼的長軸與附著部位的位置關係，則是從骨幹內側進入並終止於後面，因此表面上會以為是單純對骨骼的長軸產生了外旋的旋轉力。實際上是如何呢？

這方面當然也會因肢體位置而變化，請試著以直立姿勢來思考。特別仔細觀察骨骼的長軸與骨骼的旋轉中心之間的關係，便會在內收肌群的旋轉作用中看出有趣的現象。透過整理這些功能上的特徵，亦可在有效拉伸方法或訓練方面獲得重要的啟發。

無論內收肌的作用是屈曲還是伸展，以「讓髖關節從大幅位移回到中立位」的角度來看，其「執行的任務」是完全一樣的。

請試著思考一下這樣的拉伸動作：採雙腳伸直的坐姿，將髖關節外展（正確來說是水平伸展），也就是在所謂「雙腿開開」的狀態下進行前屈。內收肌群的拉伸感之所以會變強，是因為髖關節的內旋姿勢？還是外旋姿勢？詳情我想留待下一章節再揭曉。

關於內收肌 其2
—髖關節的旋轉作用—

前一節我們以大腿的內收肌群為題，對其構造與作用做了一番討論。前一節是關於內收肌群的作用，尤其聚焦於與矢狀面內的伸展・屈曲之間的關聯性，以及在額狀面內的內收動作。因此，本節想要針對在水平面內的運動，尤其是針對髖關節的旋轉作用來討論。

內旋？還是外旋？

要想了解特定肌肉的作用，一般會著重於兩項資訊：（1）附著部位的位置以及（2）張力的方向。關於這一點，內收肌群又是如何呢？如前一節所述，其大部分都是從骨幹內側進入後面，終止於股骨的背側（後面）。其張力是面向股骨的後面，朝大腿內側發揮作用，因此表面上很容易理解為單純對股骨的長軸產生了外旋的旋轉力。如此一來便容易直覺地認為會產生外旋的作用。實際上，在解剖學的書籍中也可以看到許多外旋的描述。

然而，至少在解剖學的正位中，內收肌群會產生內旋的作用。其背後究竟有著什麼樣的機制呢？接下來我想著眼於內收長肌與內收短肌這些「起始於恥骨、終止於股骨後面」的肌群，來繼續討論這個話題。

前面已經說過，在思考肌肉張力所產生的作用時有哪些關鍵要因，不過還有一點也極其重要，那就是關節運動軸。要認識特定肌肉的作用，除了前述的（1）附著位置及（2）張力的方向以外，也別忘了（3）運動軸。即便在「附著部位與肌肉所產生的張力方向類似」的配置中，當目標運動所引起的關節運動軸的位置不同，表面上所出現的作用也會產生差異。

「肱骨與棘下肌的關係」屬於同類型的案例，這裡以此為例，和「股骨與內收肌的關係」相互比較，試著更詳細地思考肌肉的作用。

比較肩關節與髖關節

棘下肌為旋轉肌群（Rotator Cuff，旋轉肌袖）的一部分，對肩關節的穩定有所貢獻，又以盂肱關節的外旋肌為人所知。棘下肌起始於肩胛骨的後面，從後方繞過肱骨頭，附著在小結節上，藉此讓肱骨繞著長軸往外旋轉，也就是往外旋方向拉動。我們以示意圖來確認看看（圖1A）。圖中盂肱關節的內旋、外旋運動軸與肱骨的長軸是一致的，所以棘下肌的張力便會順勢讓關節外旋。

另一方面，把目光移至髖關節中股骨與內收長肌的關係上，狀況便有所不同。髖關節的內旋、外旋軸並不在股骨的骨幹的長軸上，而是在於遠離骨幹的股骨頭中（圖1B）。這樣的狀況是股骨頸的存在所造成的。換言之，肱骨的關節運動軸與肱骨骨幹的長軸是一致的，但股骨的運動軸則因股骨頸的存在而位於遠離骨幹的骨頭上。因此，實際產生的力矩並非以股骨幹為基準，而是以股骨頭為基準，隨著與內收肌拉力線的位置關係而變化。

關於這一點，Basmajian and Slonecker（1989）以圖2般的示意圖來標

圖1 即便肌肉附著部位與張力的方向相同，作用仍會隨運動軸的位置而異

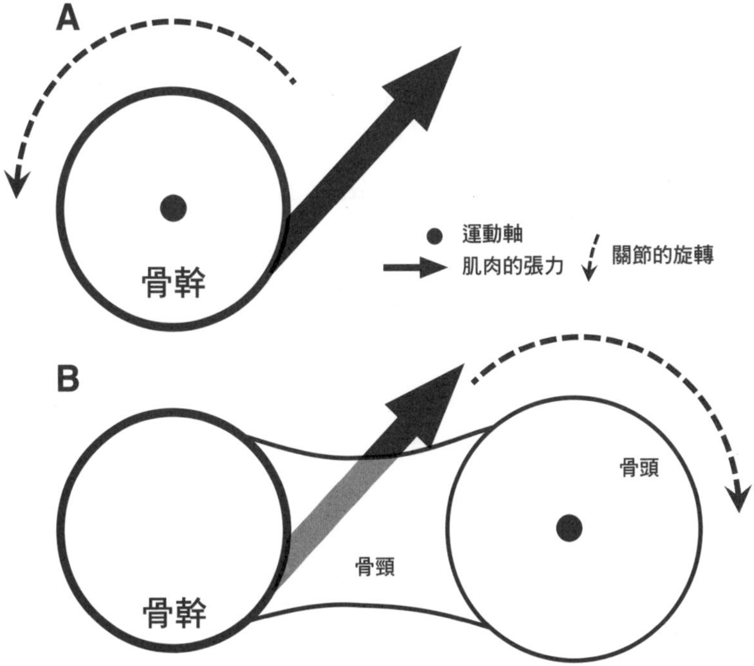

A：骨幹中心與關節的運動軸一致的情況下（盂肱關節的例子）
B：關節運動軸因「骨頸」而偏離的情況下（髖關節的例子）

要認識特定肌肉的作用，
除了（1）附著位置及
（2）張力的方向之外，
也別忘了（3）運動軸。

示內收肌的作用，藉此說明內收肌的上部肌肉纖維會帶動股骨頸旋轉，最後促使髖關節內旋。髖關節的屈曲、伸展與旋轉的姿勢，也會使相對性附著部位的位置關係產生變化，因此對旋轉的干預也必然會產生變化。圖3便是以稍微立體的方式呈現這種關係的示意圖。

將旋轉活用於拉伸動作

前一節的最後提出了這樣的疑問：若以髖關節外展的姿勢（即所謂「雙腿開開」的狀態）進行前屈，在這樣的拉伸動作中，內收肌群的拉伸感之所以會變強，是因為髖關節內旋姿勢？還是外旋姿勢？答案為何呢？從雙腳伸直的坐姿轉為髖關節外展姿勢，雙手碰觸前方的地面（圖4A），讓手逐漸往前方移動，位於較靠腹側（前面）的內收肌群（和肢體位置也息息相關，不過大致是指恥骨肌、內收短肌與內收長肌）的拉伸感會漸漸變強。應該有不少人都曾體驗過這樣的感覺吧？

那麼接下來試著稍微改變旋轉方向的狀態吧。從雙腳伸直的坐姿轉為髖關節外展姿勢，並將雙手碰觸前方地面時，讓髖關節內旋，雙腳的腳尖朝向前方（圖

圖2　由內收肌群帶動的髖關節內旋

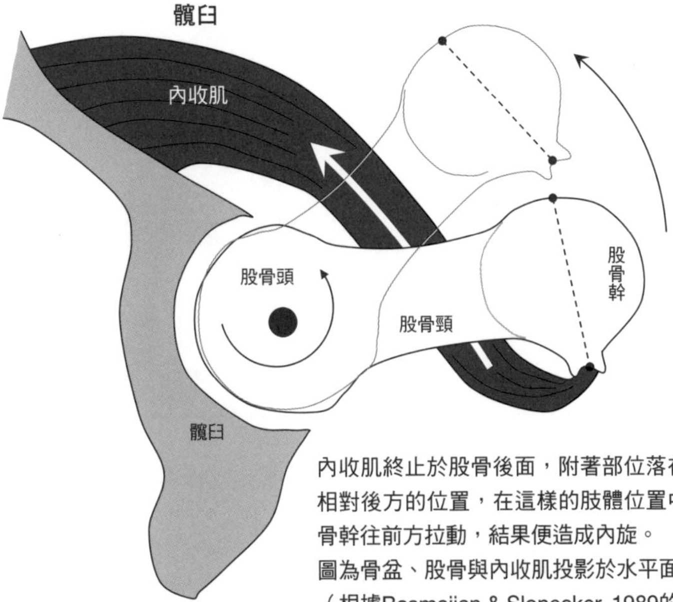

內收肌終止於股骨後面，附著部位落在比骨盆起始點相對後方的位置，在這樣的肢體位置中，內收肌把股骨幹往前方拉動，結果便造成內旋。
圖為骨盆、股骨與內收肌投影於水平面上的示意圖
（根據Basmajian & Slonecker, 1989的論點來製圖）

圖3　由內收肌群帶動髖關節內旋（從外側方向觀察右髖關節）

以示意圖標示出內收肌（起始於恥骨，終止於股骨後面）把股骨幹往前拉動，結果造成內旋的情況。

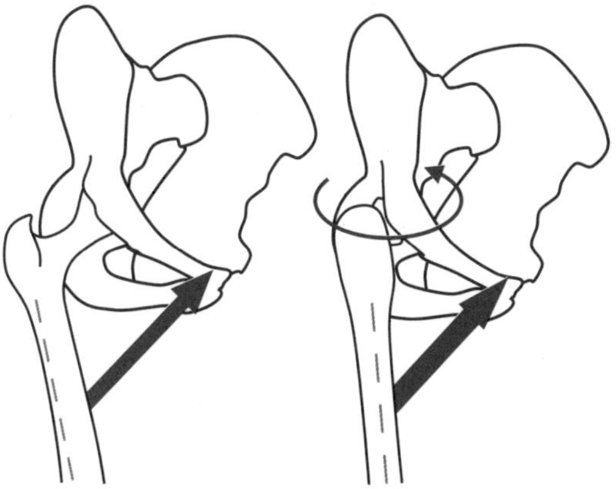

圖4　從雙腳伸直的坐姿來進行內收肌拉伸動作

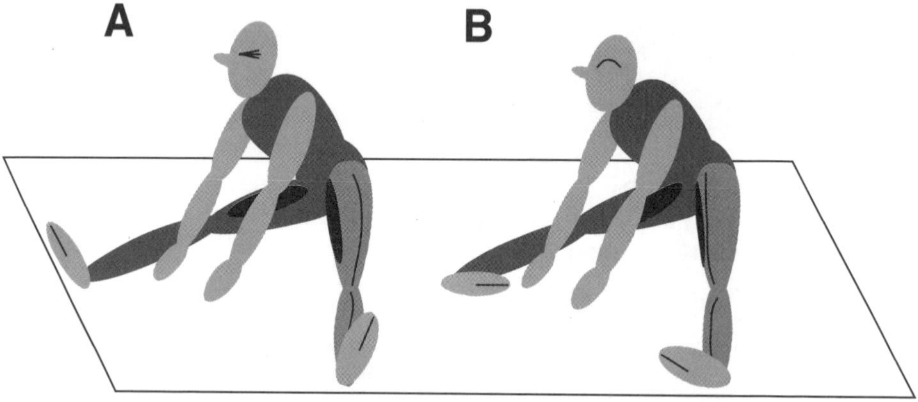

在坐姿髖關節外展的姿勢中前屈，會拉伸內收肌群，亦可透過內旋、外旋控制其強度。

A：髖關節外旋的姿勢會增加內收肌群的緊繃度

B：髖關節內旋的姿勢會降低內收肌群的緊繃度

讓髖關節內旋，
雙腳的腳尖朝向前方，
同樣的前屈量，
內收肌群的緊繃度卻會稍減。

4B）。維持這個姿勢，如前述狀況般逐漸前屈，感覺如何呢？雖然前屈量不變，但是內收肌群的緊繃度應該會稍減吧？這便意味著，維持髖關節內旋姿勢減緩了內收肌群的緊繃。反之，試著以髖關節內旋姿勢直接前屈，接著維持前屈姿勢，將腳尖朝外打開，使髖關節外旋，內收肌群的拉伸感會急遽變強。

關於內收肌群對髖關節旋轉的干預，我們從經驗中所知甚多，也從狀況證據中學到了不少。比方說，右投的棒球選手傷到右內收肌的例子屢見不鮮。同樣的，在右撇子擲標槍競賽選手的右腳上所發生的內收肌拉傷，常見於「一邊承受離心收縮的負荷一邊打開髖關節，並且努力避免膝蓋分開」的動作，換言之，是在對抗強烈伸展、外展與外旋的壓力，還同時發揮內旋肌力時發生的（參照P111）。

關於內收肌 其3
—短跑與內收肌—

前面已經說過，內收肌的生理橫截面積大到足以與髖旁肌匹敵。對這麼大的截面積有哪些功能上的要求呢？從這樣的角度切入，我們到目前為止已經針對「從構造了解髖關節伸展與屈曲的作用」和「對髖關節旋轉的干預」做了一番解說。

本節想以筆者的文獻綜述（大山卞，2011）中所收錄的過去研究成果為基礎，試著更深入思考「內收肌與跑步運動的關聯性」。

短跑表現與內收肌的型態、肌力

關於內收肌，到目前為止我都聚焦於橫截面積的大小，研究肌力與短跑表現之間的關聯。換言之，是基於「肌肉量的優勢、發揮最大張力的優勢應該會展現出功能上的優勢」這樣的觀點。

關於這一點，已經有研究利用ＭＲＩ針對男子短跑選手進行了量測，顯示位於大腿上部的內收肌群橫截面積愈大，則１００m的短跑時間愈佳（狩野等人，１９９７），另外也有報告指出，髖關節伸展、屈曲的肌力與快跑速度之間有所關聯，同時，伸展、屈曲肌力與內收肌群的橫截面積之間也有著非偶然的關聯性（渡邊等人，２０００）。

這些結果再再顯示，短跑這類在廣泛的運動範圍內伸展、屈曲髖關節，並讓下肢快速來回的運動控制，和內收肌群密切相關。從內收肌群的構造可以判斷，內收肌會維持內收、外展與旋轉的穩定，並保持髖關節的向心位置，藉著屈曲與伸展影響短跑的表現。

內收肌群在跑步中的動員狀態（運用MRI的研究）

有些研究中提到了內收肌群在運動中的動員狀態，其中有些是利用MRI來調查運動結果所產生的肌肉狀態變化，也有些是利用肌電圖來記錄運動中的肌肉活動。說到MRI，一般的印象不外乎是用來調查型態或觀察發炎、出血、組織損傷的儀器。事實上，運用MRI的研究中，不僅限於單純的型態調查，也會用來觀察內收肌群的動員樣態。

MRI的圖像處理方法中，有種名為「T2權重影像」、會強調水分並顯影的方法（也用於一般的診斷）。目前已知，肌肉在活動不久後，與未活動的肌肉相比水分會變多。

運用T2權重影像，我們便可調查內收肌群的水分在運動前後發生了什麼樣的變化，藉此辨認出在不久前的運動中的活動肌。這種方

可以明顯看出
跑步時內收肌群
動員得相當積極。

法當然會在一整組集中時間的運動結束後才進行測量，所以在時間解析度上會有問題。但若要大致了解某個特定時間內哪條肌肉出力最多，這種方法極為有用。

Sloniger et al.（1997）運用MRI的T2權重影像，取得了在低速跑步中達到疲勞狀態的大腿各肌群之動員率。其報告結果指出：無論是平地跑步亦或坡地跑步，大腿的肌群中動員得最活躍的便是內收肌群。單看這項結果很難釐清內收肌的細部功能性特徵，不過可以明顯看出跑步時內收肌群動員得相當積極。

內收長肌在跑步運動中的活動

如目前為止所述，內收長肌是內收肌群中位於最靠近腹側（站立姿勢的前方）的肌肉之一，也是起始於恥骨聯合周邊的肌肉。Mann et al.（1986）記錄了內收長肌在各種速度的跑步運動（慢跑、跑步、短跑）中的肌肉活動，其研究指出，內收長肌在踢地離開地面後隨即開始活動，並持續活動至往前方的擺盪初期為止。更進一步認定，唯有在速度比慢跑或跑步更快的短跑中，在足部下降狀態（擺盪後期）的初期，內收長肌會出現短時間的活動。

他們認為，要信心滿滿地正確說明這條肌肉的任務並不容易，故而把內收肌群視為主要進行內收作用的主動肌來進行考察，結果得出了這樣的推論：內收長肌會抵抗踢地離開地面時必然產生的外展，發揮作用讓股骨固定於骨盆上，很可能正進行著離心（伸展性）的收縮。後又表示，在短跑中會從髖關節屈曲姿勢回擺，在這短時間的活動中，內收長肌應該也參與了「內收大腿並將著地位置帶回中心」的動作。

筆者對Mann et al.（1986）的許多觀點也頗為認同，但又認為，內收肌中位於腹側的那條內收長肌，在髖關節伸展姿勢中會發揮屈曲作用，在髖關節屈曲加深的短跑中也會積極參與髖關節的伸展作用——這麼想應該也很合理吧？

金子等人（2000）曾針對快跑與跨欄賽跑的動作與肌肉活動做了比較，從其研究亦可窺見內收長肌在髖關節屈曲作用上的重要性。具體來說，快跑時，同側的內收長肌會在站立中期開始活動，對比之下，跨欄賽跑時，騰空腳的內收長肌則較晚開始活動。因此，只要內收長肌能在快跑中阻止腳繼續往後方移動，並轉為屈曲動作，應該就可以獲得更快的速度。

內收大肌在跑步運動中的活動

內收大肌位於內收肌群中最靠背側的位置，甚至有些部位的走向與臀大肌相似。關於這條內收大肌，Montgmery et al.（1994）運用了肌內電極來記錄內收大肌在跑步中的活動。

他們認定，以訓練步調（約4.1m／秒）進行跑步時，內收大肌在站立期、擺盪初期與擺盪中期分別達到活動的最高峰，關於每個狀態的作用有著以下的考察：（1）站立期的活動是讓朝內側的髖關節維持穩定，（2）擺盪初期會與股直肌、髂肌、闊筋膜張肌一起控制髖關節的伸展，為下一步髖關節屈曲做好準備，（3）擺盪中期會連同髂肌一起輔助髖關節從伸展姿勢轉為屈曲，維持骨盆的穩定，（4）擺盪最後階段則會輔助在髖關節伸展中發揮作用的膕旁肌與臀大肌，從屈曲姿勢轉為伸展。

Wiemann and Tidow（1995）同樣記錄了跑步運動中的肌肉活動，並陳述內收肌對髖關節屈曲與伸展的干預，一起來看看他們的研究吧（圖1）。

圖1　快跑中的下肢肌電圖

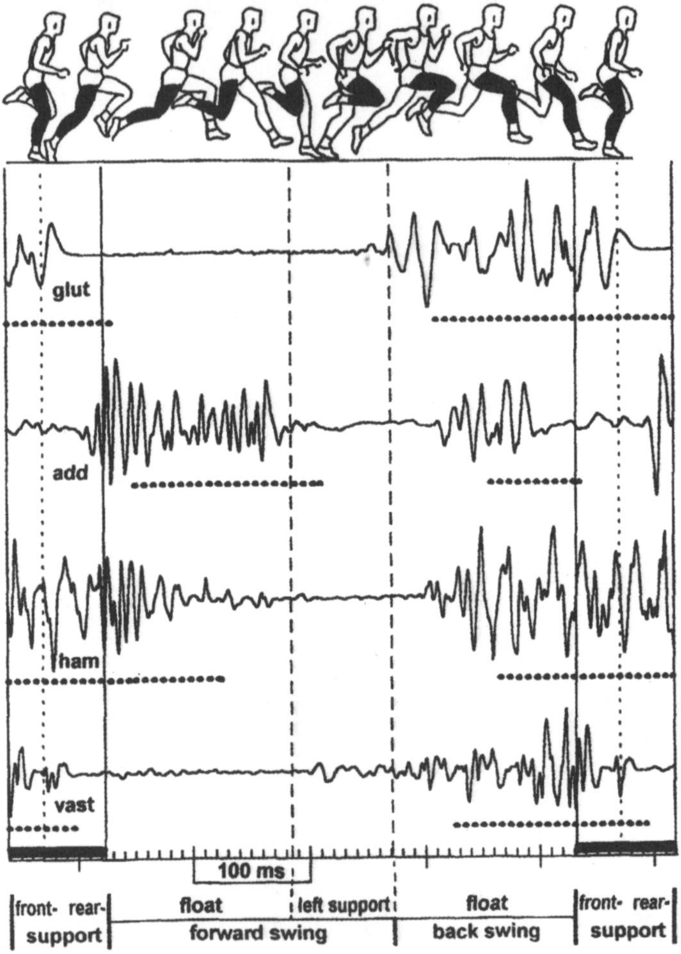

〈glut：臀大肌，add：內收大肌，ham：膕旁肌，vast：股內側肌〉
（Wiemann & Tidow, 1995）

他們認為，在腳離地不久後的擺盪前半期，內收大肌的活動為：抑制著闊筋膜張肌的外展作用與縫匠肌的外旋作用，同時與髖屈肌群合力讓髖關節的伸展減速並轉為屈曲，當屈曲再進一步推進而讓膝關節來到股骨正下方時，由於骨盆的起始與股骨的相對位置關係而喪失屈曲的作用，於是停止活動。至於內收大肌在後方擺盪狀態時的活動，則是與臀大肌合力作用於髖關節伸展，同時還有抵消臀大肌外展作用的作用。

跑步速度與內收肌活動

松尾等人（2011）利用表面肌電圖，記錄了內收肌（內收長肌、內收大肌）從慢跑到秒速約10m的跑步運動中的活動。這個時候，跑步速度愈快則內收肌的活動愈活躍。試著比較每個階段便一目了然：在擺盪期間，無論是在髖關節屈曲加大還是伸展加大的階段，內收長肌的活動量都是增加的。內收大肌雖然也顯示出同樣的傾向，但很明顯在伸展範圍中的活動不如內收長肌那般活躍，而是在屈曲範圍（也就是要讓髖關節伸展時）動員得較為積極（圖2）。

他們的研究揭示了內收長肌與內收大肌的差異，而這個差異與兩條肌肉的起始配置完美呼應：內收長肌的位置較靠腹側，接近恥骨聯合；內收大肌則較靠背側，接近坐骨結節。

內收大肌（尤其是能夠以表面肌電圖加以記錄的淺層部位）的配置類似臀大肌，位於作為髖伸肌較容易發揮作用的位置上。相對的，採站立姿勢時，內收長肌幾乎和股骨一樣落在額狀面內，因此一般認為在屈曲姿勢中作為伸肌、在伸展姿勢

圖2 髖關節角度與內收肌活動量在跑步運動中的關係（松尾等人，2011）

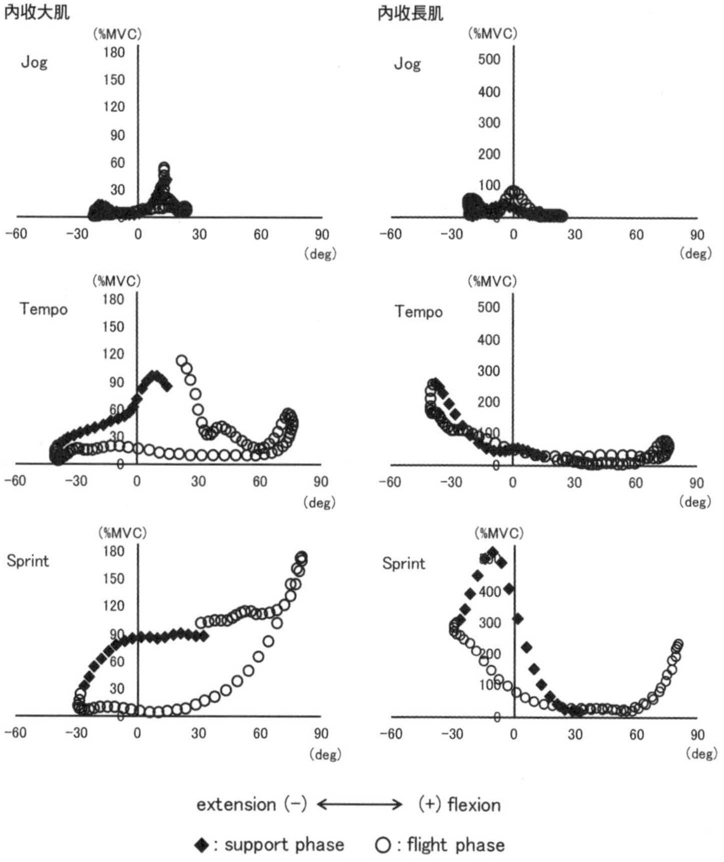

圖表上的橫軸標示的是髖關節角度，縱軸則是肌肉活動量（%最大等長性收縮）。由此可知，肌肉活動會隨著跑步速度的提升（慢跑→節奏跑→短跑）而增加。而內收長肌無論在深度屈曲或深度伸展的狀態下，活動量都會持續變大。

中作為屈肌較容易發揮作用。關於這種構造上的特徵，其背後的原因可做如此解釋：以髖關節0°為界，在兩側擴大活動。

※

目前為止闡述了幾份跑步運動中肌肉活動的相關報告，其共通點在於：內收肌都參與了離地不久後擺盪狀態中的活動，以及從屈曲到伸展姿勢的切換，且其活動在可動範圍的兩端（深度的屈曲與伸展姿勢）較為顯著，由此可知內收肌是在髖關節從大幅位移恢復時發揮作用。想必這點在內收、外展、內旋與外旋方面也是一樣的。

內收肌中的內收長肌與內收大肌亦可透過表面電極導出活動電位，其淺層部位的大部分肌纖維走向都是沿著股骨的長軸，用來加快髖關節的屈曲或伸展速度效率不見得好，但是這樣的構造卻很適合跟產生髖關節伸展或屈曲力矩的力量一起讓股骨往髖關節內拉攏，以便維持穩定。

跑步運動中肌肉活動的相關報告都有個共通點：內收肌是在髖關節從大幅位移恢復時發揮作用。

關於這一點，本書在〈關於深層肌肉（其1）〉中以「Shunt muscle」做了一番探討。有興趣的人請一併參閱該章節。

關於內收肌 其4
—鍛鍊內收肌—

不管在肌肉量還是肌肉走向上都恰如其分的構造

目前為止我們已從解剖學的特徵切入，探討了內收肌在運動中的參與狀況。前一節的最後也有提到，跑步運動中肌肉活動的相關報告都有個共通點：內收肌皆參與了離地不久後擺盪狀態中的活動，以及從屈曲姿勢到伸展姿勢的切換，且其活動在可動範圍的兩端（深度的屈曲與伸展姿勢）較為顯著。

從這些資訊便可預測，內收肌在髖關節從大幅的位移恢復時（含括伸展、屈曲、外展與外旋等）都發揮著作用。像是要佐證這點般，也有報告指出，患有閉孔神經（內收肌的支配神經）疾患的人，在步行時會出現下肢迴旋的動作。

眾所周知，肩關節的自由度高且關節的可動範圍大，而所謂的深層肌肉（旋轉肌袖）在保持肩關節的穩定上發揮著重大的功用。相較於肩關節，髖關節的髖臼部位（相當於承接骨頭的凹槽）槽窩較深，還有強勁韌帶的參與，即使如此它和肩關節一樣，都是高度自由的球窩關節。而且在移動運動中，比如以接近可動範圍極限的肢體位置進行高速運動，或是迅速來回切換動作時，內收肌都必須讓質量很大的下肢穩定接合於骨盆上。

此外，在承受巨大衝擊的支撐狀態下，下肢必須發揮控制軀幹的作用。實際上，很多時候要以單邊支撐的狀態來操作單邊的腳，所以加諸內收肌的負荷應該會變得更大。

正如之前說過的，內收肌群擁有豐富的肌肉量，同時還有許多幾乎與股骨長軸平行的肌束，一般認為這樣可以讓髖關節（股骨頭）朝向髖臼並有效率地使出推壓的力量。換言之，內收肌群的構造在面對屈曲、伸展、外展與旋轉等任何位移時，皆可迅速讓髖關節維持於向心位置，不管在肌肉量還是肌肉走向上都可說是恰如其分。

內收肌群的構造無論面對何種位移，
皆可迅速讓髖關節維持於向心位置，
不管在肌肉量還是肌肉走向上都可說是恰如其分。

傷害內收肌的是？

筆者至今有過幾次感受到內收肌劇烈痠痛的經驗，是在時隔許久進行了高負荷平行蹲後（主要是內收大肌），以及進行強力的開腳前屈拉伸動作與左右側弓箭步後（主要是內收長、短肌）。前者迫使內收大肌產生明顯的離心收縮。後者則是讓肌腱複合體伸長至極限，或是利用該姿勢來減速所造成的結果吧。

在擲標槍的交叉步狀態或是投擲狀態中，右撇子的右腳會發生內收長肌拉傷（圖1）。棒球投手也會發生同樣的傷害。這樣的傷害一旦發生，不但疼痛劇烈，緊繃感也很強烈，因此涉及所謂腰部旋轉或下半身先行（可說是投擲技術的核心部位）的運動會受到很大的限制，導致無論如何都無法完成投擲動作。

在與內收肌相關的疾患當中，女子長跑選手特別常見的是恥骨周邊的疲勞骨折。眾所周知，這種疾患與骨礦物質含量問題等內分泌上的質量也有很大的關係，多次受傷的案例也屢見不鮮。一般推測是在下肢頻繁地重複來回或支撐的運動中，對肌肉的附著部位或骨頭變細的部分加諸了莫大壓力所致。

在腰部旋轉上也身負重任!?

內收肌在髖關節的旋轉上有著舉足輕重的作用。因此，在所謂「腰部旋轉」的骨盆旋轉動作中，想必內收肌也發揮著巨大的功用。實際上只要在限制髖關節旋轉的情況下試圖轉動腰部，便會因為內收肌群緊繃而實際感受到骨盆的旋轉明顯受到限制。

關於內收肌所參與的「腰部旋轉」，我們不妨以擲標槍的案例來觀察看看。圖1以示意圖標示出助跑而來的擲標槍競賽選手在準備投擲時，右腳著地並用力踩踏的模樣。這時，一旦右邊髖關節達到外旋姿勢的極限，就會因為這種外旋可動範圍的限制，讓骨盆的水平旋轉大受限制而停了下來。在實際的投擲中，右側的內收長肌會像圖1般一邊被拉長，一邊強勁地運作，最終在骨盆旋轉之前讓髖關節內旋，在產生所謂「下半身先行」的動作上發揮重要的作用。

至於左側，則可在圖1中看出髖關節被往外旋並且將要踏出去的模樣。在這不久後，從左腳著地的瞬間起，便進入投擲的主要狀態，內收長肌在左腳著地時便以伸長姿勢不斷使出張力，可看出此肌肉發揮了將骨盆往左股骨方向帶的作用，並和左髖關節的減速效果合力產生作用，讓骨盆急劇往左迴旋（從上方看為逆時鐘方向）。

內收肌的訓練

傳統上一直以來都是運用側弓箭步作為直接動員內收肌的負重訓練手段，左右側弓箭步確實比較容易感受到內收肌的動員狀況。此外，作為伸長範圍內的訓練應該也頗具效果。

從這類聚焦於「內收」作用的直覺性訓練，再加上內收肌群的解剖學特徵或先行研究的見解，即可做出這樣的總結：在伸長範圍內的作用、離心（伸展性收縮）作用，以及快速的下肢操作等相關情境中，內收肌會積極地發揮作用。從這樣的角度切入，即可具體列舉出幾個內收肌應該較容易動員的運動特徵：

（1）從深度屈曲姿勢進行伸展、從深度伸展姿勢進行屈曲。

（2）快速的下肢往返、來回切換運動。

圖1　擲標槍時從用力踩踏到投擲的過程與內收肌的參與

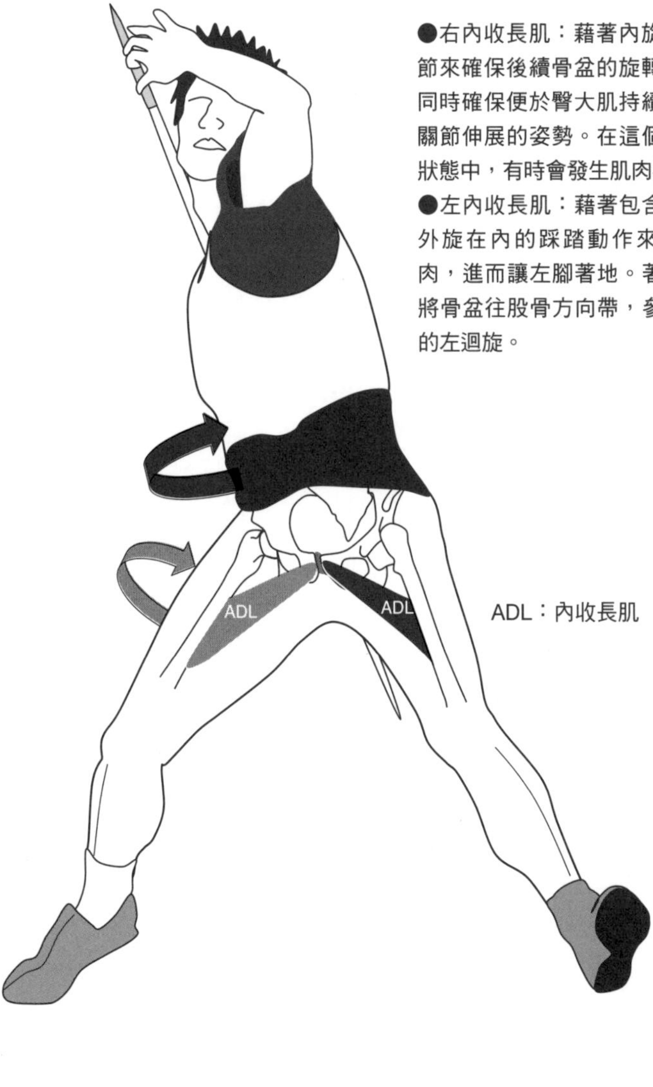

●右內收長肌：藉著內旋右髖關節來確保後續骨盆的旋轉範圍，同時確保便於臀大肌持續進行髖關節伸展的姿勢。在這個踩踏的狀態中，有時會發生肌肉拉傷。

●左內收長肌：藉著包含髖關節外旋在內的踩踏動作來伸長肌肉，進而讓左腳著地。著地後便將骨盆往股骨方向帶，參與骨盆的左迴旋。

（3）不論內收、外展、伸展還是屈曲，需要從大幅度的髖關節位移恢復，或是需要維持骨盆的穩定。

可以得出以上幾種觀點。

以（1）來說，在較大幅度的高低差中進行登階訓練（圖2）、弓箭步（含括後弓箭步與弓步蹲），或是一邊控制骨盆旋轉一邊進行前後方向的弓箭步項目，應該都格外有效。

從（2）的觀點來看則可認定，即便是一般的跑步動作，只要速度愈快，內收肌的動員程度就愈高。若是想對內收肌施加更大的刺激，比較能期待效果的有：含括大步幅與強勁推進在內的跨大步跑，或是帶點速度的跨步跳、運用階梯的大步奔跑等。

進一步針對跑步速度來進行練習，須更加強調髖關節屈曲或伸展的敏捷度，或是左右腳「前後交替」的動作，比如強制在維持跑步速度下以較窄的步幅快跑的「迷你跨欄訓練」等步幅限制跑（圖3），在這類運動中，下肢會激烈擺盪，所以對維持髖關節向心位置的內收肌作用要求會特別高。實際進行看看便會明白，連內

圖2 登階運動與內收肌

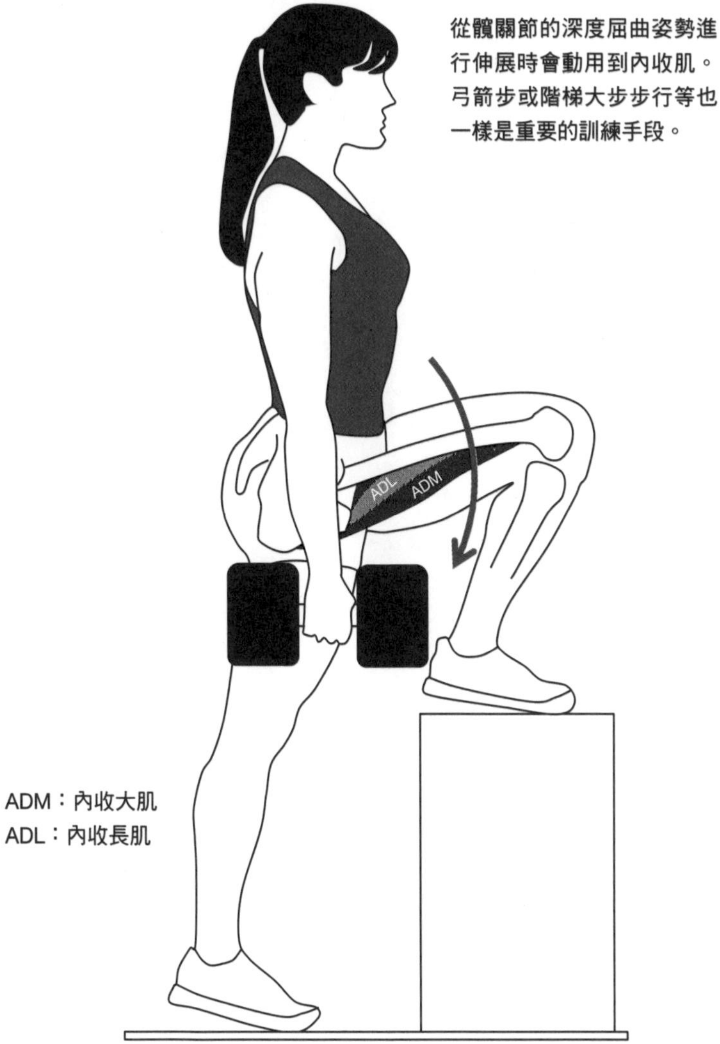
從髖關節的深度屈曲姿勢進
行伸展時會動用到內收肌。
弓箭步或階梯大步步行等也
一樣是重要的訓練手段。
ADL
ADM
ADM：內收大肌
ADL：內收長肌

收肌或恥骨聯合部位都會感受到壓迫。

此外，運用快速的開跳步（split step，前後打開腳來支撐並換腳的動作）在負重訓練中應該也是有效的方法。這樣的觀點在髖屈肌群（較具代表性的便是在跑步運動中幾乎都在離心狀態下發揮作用的髂腰肌）的訓練中也很重要。

從（3）的觀點來看，包括古典式左右側弓箭步或橫向跨步在內的弓箭步項目、橫向跳躍、以擲標槍助跑為代表的交叉步跑、如高速森巴舞蹈般的側併步項目、或是含括變換方向的運動等等，應該都是有效的。

如前述的擲標槍案例所示，以投擲動作為代表，所有伴隨著骨盆強勁旋轉的運動，與內收肌都有著密切的關連。從這樣的角度來看，必然存在著無數有效的方法可作為訓練的手段。

此外，關於「骨盆的旋轉」與「含內收肌群在內的髖關節周遭肌群之作用」，這兩者之間的關係請見Chapter3〈關於髖關節〉。

圖3 下肢快速來回切換的運動（迷你跨欄訓練）

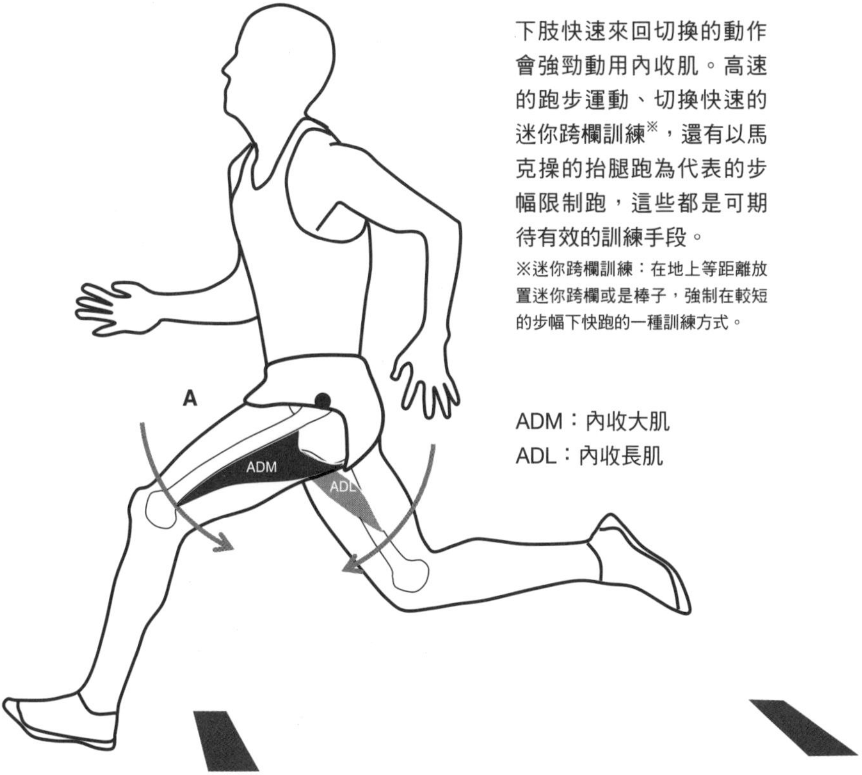

下肢快速來回切換的動作會強勁動用內收肌。高速的跑步運動、切換快速的迷你跨欄訓練※，還有以馬克操的抬腿跑為代表的步幅限制跑，這些都是可期待有效的訓練手段。

※迷你跨欄訓練：在地上等距離放置迷你跨欄或是棒子，強制在較短的步幅下快跑的一種訓練方式。

ADM：內收大肌
ADL：內收長肌

在伸長範圍內的作用、離心（伸展性收縮）作用，
以及快速的下肢操作等相關情境中，
內收肌會積極地發揮作用。

Chapter 3

關於髖關節

關於髖關節 其1

─髖關節的構造與周圍的肌群─

髖關節是人體軀幹與下肢的接點，是被龐大肌群環繞的關節，位於皮下較深的位置。在這樣的背景下，相較於膝關節或踝關節，我們較難從表面認識骨骼之間的連結，所以對其構造上的印象也會比其他關節還要貧乏。

另一方面，這個關節可發揮出的力量非常大，儼然是幾乎所有全身運動之起點，這點應該用不著說明。此外，由於關節本身的可動範圍與運動自由度也極大，因此這個關節可說是產生能量的來源。

髖關節的運動不光只是上下左右移動質量很大的軀幹，對軀幹長軸四周的旋轉也發揮著極大的功用。也因為背後這層因素，已有無數報告指出在這個關節周邊所發生的傷害。

髖關節的特徵為何？

■典型Ball & Socket型的關節

連結骨盆與大腿的髖關節，即是所謂的球窩關節，有許多控制下肢的強大肌群跨越此處。髖關節是在股骨的股骨頭（Ball）與骨盆的髖臼（Socket）之間形成的球窩關節，骨骼所形成的槽窩較深，是典型的Ball & Socket型關節。有別於骨骼之間槽窩較淺的肩關節，特徵在於其構造是由骨性較大的髖臼來維持關節的穩定（圖1、圖2）。

形成髖關節的股骨近端邊緣構造十分複雜，和形狀上骨頭與骨幹幾乎直接相連的肱骨等有所不同，其最大的特徵在於，骨頭與骨幹之間有長形骨頸介於其中。這個骨頸部位的存在為各種肌肉提供了力臂（槓杆作用），讓髖關節可以做出變化多樣的動作。

另一方面，骨頸部位經常承受大幅彎曲、壓縮與剪力等力學上的應力。再加上股骨頸位於關節囊內，所以並無骨外膜包覆在其四周。骨外膜是打造骨骼的重要

圖1　髖關節與骨盆（從後方觀察）

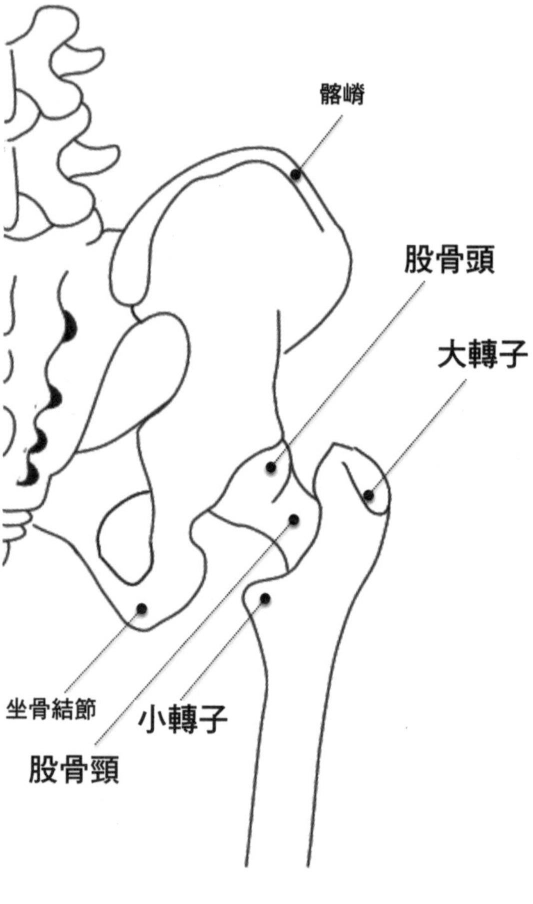

股骨的近端邊緣處有股骨頭、大轉子與小轉子，形成顯眼的巨大隆起。骨頭是藉著骨頸部位與骨幹相接。大轉子為外展肌群與外旋肌群提供了附著點，小轉子則為髂腰肌提供了附著點。兩者皆承受著龐大的張力。

圖2　髖關節的韌帶

上：從右髖關節額狀面前方觀察
下：從右髖關節前方觀察

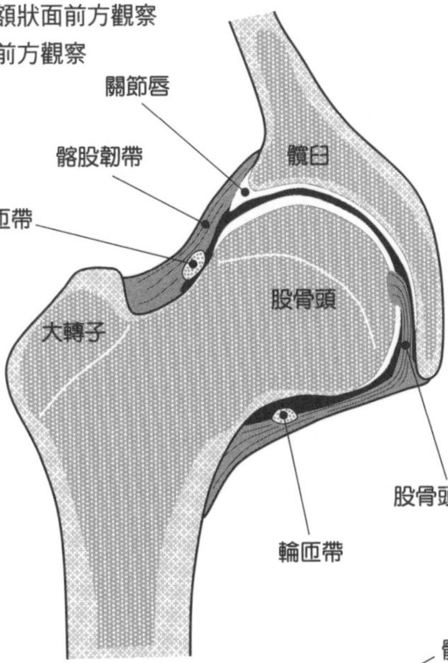

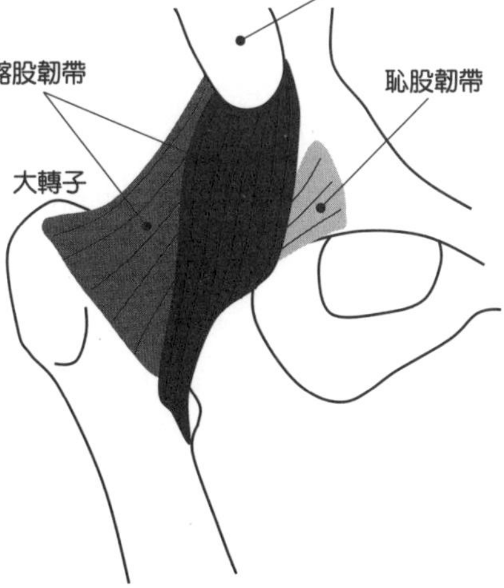

組織，少了它的存在，股骨頸往往有骨折難癒的棘手問題。有些女子長跑選手因為無月經等原因骨骼強度容易下降，結果股骨頸便成了疲勞骨折的好發部位。股骨頸部位一旦發生疲勞骨折，即便是以單腳站立姿勢進行小幅度跳躍之類的動作，也會因為劇烈疼痛而辦不到。

老人因為跌倒等原因而發生股骨頸骨折也是個大問題，其中尤以骨骼強度容易下降的女性受傷者居多。一旦受了傷，大部分的情況下都會被迫臥床，據說只有不到半數的人可以在半年至一年後恢復受傷前的步行能力。似乎也有不少案例自從股骨頸受傷後，便因全身的肌力減弱或是全身的骨骼強度更加衰退，導致生活品質低落而失去活力。

■大轉子與小轉子

近端邊緣的外側有個顯眼的巨大隆起即大轉子。大轉子是

也有不少老人因為跌倒等造成股骨頸受傷後，
便因全身的肌力減弱
或是全身的骨頭強度更加衰退，
導致生活品質低落而失去活力。

可以在骨盆外側皮下清楚摸到的骨性標誌，也經常被當作形態測量時的重要測量點。大轉子有強大的外展肌「臀中肌」及其他多條外旋肌等無數肌肉附著其上。大轉子大幅隆起，藉此確保便於肌肉發揮作用的狀態，但另一方面，有時會因為跌倒等撞擊到此處，而引發股骨頸骨折或大轉子本身的骨折。

連接骨盆與小腿的髂脛束與大轉子摩擦引起發炎，這樣的案例（外側型的彈響髖）也很常見。由此可知，雖然大轉子在功能上舉足輕重，另一方面卻也很容易引發傷害。

股骨上有著十分明顯的骨頭、骨頸、大轉子，另外還有一塊碩大的骨骼突起，那就是小轉子。還記得筆者在第一次觀察股骨時，並非聚焦於早已熟悉不已的大轉子，而是對什麼肌肉會附著在這塊碩大的隆起上很感興趣。一般來說，骨骼的巨大突起處大多會有強勁的肌肉附著，比如跟骨隆突上有阿基里斯腱，脛骨粗隆上有股四頭肌（＝膝蓋韌帶），大轉子上則有臀中肌。當我得知髂腰肌（想必有巨大張力集中在比較細的肌腱上）附著於小轉子上，頓時恍然大悟。

這個部位也會因為附著其上的髂腰肌肌腱往上衝並摩擦而引發內側型的彈響

髖。雖然症狀並不明顯，但是試圖從髖關節深度屈曲的姿勢再進一步屈曲時，想必有不少人的髖關節深處會發出「啵」的聲音，或是感受到衝擊吧？

■用堅固的韌帶加以補強

雖然我們平常不太會意識到，但是髖關節其實是藉著相當強勁的韌帶加以補強（圖2）。以經驗來說，大家應該都知道，髖關節從直立姿勢往屈曲方向（拉抬膝蓋、從站立姿勢前屈）的可動範圍很大，往過伸展方向的可動範圍卻很小。這似乎主要取決於從髂骨經過髖關節前面一直到股骨的髂股韌帶。甚至連股骨頭的前面也包覆在髂腰肌之下。對外展（即所謂「大腿開開」的動作）方向的限制則有恥股韌帶參與其中。

因為這樣的構造使然，在肩關節（肩胛骨與肱骨的關節）較為常見的外傷性脫臼，卻極少出現在髖關節。另一方面，先天性髖臼發育不良等所引發的問題，容易在運動中衍生出各式各樣的限制，必須格外留意。

髖關節往過伸展方向的可動範圍狹窄，在我們的姿勢控制或運動中有著重要的含意。這點在膝關節上也說得通，多虧往過伸展方向的可動範圍受到限制，我們才能在少許能量與少許控制的努力下，維持直立姿勢的穩定。請試著想像一下，倘若我們的髖關節往過伸展方向的可動範圍和屈曲方向一樣大，會如何呢？

這樣一來軀幹在接近直立姿勢時，只要一鬆懈就會往後倒，為了支撐軀幹，想必需要各種力學上或控制上的努力。這點在精神飽滿的時候還不成問題，但若在長時間維持站立姿勢的作業或是疲勞狀態下的運動中，就必須格外努力與注意。追溯這種構造的背景，應該是始於人類從四腳站立演化至雙腳站立（這並不僅限於系統發生學，以個體發生學來說亦然），髖關節逐漸從屈曲姿勢往伸展姿勢拉伸。可從中感受到這種構造十分巧妙。

股骨頭韌帶附著於股骨頭中央並與髖臼相連，是條相當大的關節內韌帶，但是似乎不像膝關節的十字韌帶那般參與關節的制動。其背後的原因在於，髖關節中保有一個如前所述的深骨骼槽窩。實際上，股骨頭韌帶擁有一大片軟骨面，而股骨頭缺乏來自股骨頸的供養血管，因此股骨頭韌帶有個很大的功能，便是將那些為股骨頭供應營養的血管導向骨頭的前端（圖2）。

跨越髖關節的肌肉（圖3）

・**髖屈肌**：髂腰肌是強勁的髖關節屈肌，主要是由起始於腰椎的腰大肌、起始於骨盆內側面並與腰大肌會合的髂肌，以及腰小肌所組成，髂腰肌繞過股骨頸的前面，附著在小轉子上。在牛或豬等肉品中，腰大肌又稱為菲力（小里肌肉），脂肪與肌腱組織少，是人人皆知的高級肉。這塊肌肉在人體中也是肌束長且強勁的髖屈肌。

・**髖伸肌**：臀大肌起始於骨盆後面，附著在股骨近端後面。是臀部肌群中位置最靠近表層的，佔去臀部鼓起的大半部分。既是最大的髖關節伸肌，也會作用於外旋動作。擁有較長的肌束，連結骨盆與股骨。

・**外展肌群**（臀中肌與臀小肌）：臀中肌起始於髂骨的後面（外側面），附著於大轉子上，是最大的髖外展肌。臀小肌位於臀中肌的深層，有著與臀中肌幾乎一樣的作用。位於大轉子與髂嵴之間、臀部較高的位置且朝外側突出的部位，便是由這些肌肉所構成。

尤其是在單腳站立姿勢中維持單邊穩定性（橫向平衡）時，外展肌群會發揮

圖3 右髖關節周邊的肌群

依左下圖所示切割右髖關節所形成的剖面圖，可以看出有大量的肌群位於其周圍。

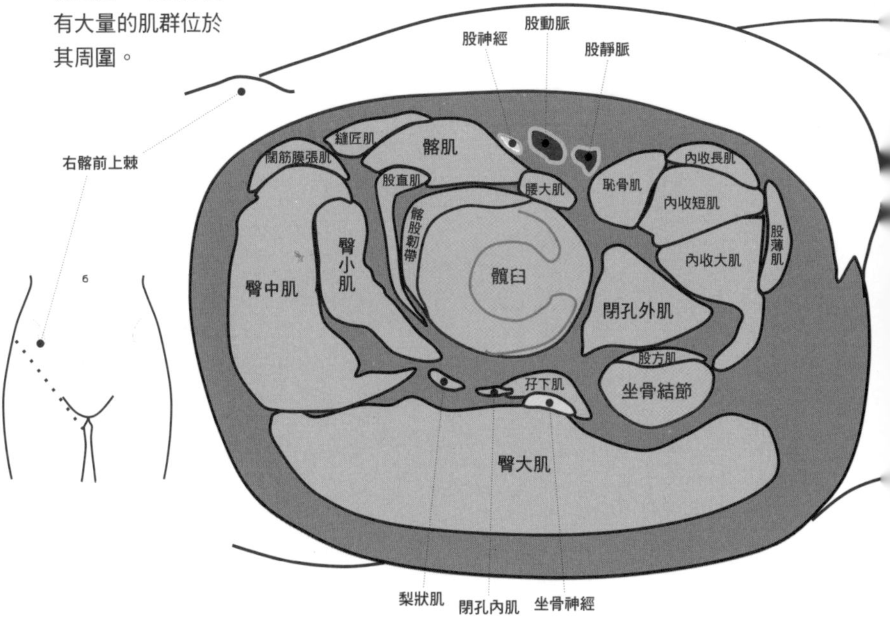

重要的作用，在單腳站立姿勢中讓髖關節內收，有防止另一側骨盆下沉的作用。在步行或跑步運動時的單腳支撐期，或是跳躍的起跳動作中，支撐腳那側的臀中肌會發揮強大的張力來承受衝擊，反之當臀中肌的肌力較弱時，這種功能會隨之減弱，導致動作中的左右平衡變差，或是形成膝關節外翻的支撐動作（也就是膝蓋會朝向內側）。

臀中肌會伴隨著單腳支撐的動作而發達，這也是雙腳步行的象徵，隨著雙腳步行的演進，臀中肌所附著的髂骨翼（即所謂的腰骨）逐漸往左右變大並發達起來。因此，從化石型態來分析人類雙腳步行的發展過程時，也會以此作為一項重要的線索來活用。

・內收肌群：我們在〈關於內收肌〉的章節中已經探討過這個肌群。起始於坐骨結節到恥骨聯合之間的骨盆下端，附著於股骨後面（只有股薄肌是跨越膝關節並附著在脛骨上）的這群肌肉即稱為內收肌群。恥骨肌、內收短肌、內收長肌、內收大肌與股薄肌皆屬於這個肌群。

整體來說，此肌群佔去大腿內側的大半部分，配置於以腹股溝內側（連接恥骨聯合至坐骨結節的曲線）為底面、以股骨內側膝關節附近為頂點的半圓錐形內。

如名稱所示，此肌群為內收髖關節的主動肌，不過透過髖關節的肢體位置，亦可在髖關節的屈曲、伸展與旋轉上發揮重要的功能。

下一節開始將一一探究每條肌肉的細節。

關於髖關節 其2

—關於髂腰肌①—

謎團重重的髂腰肌……

髂腰肌是條強勁的髖屈肌，其存在可謂無人不知，不過如果觀察髖關節的周遭便會發現，淺層的臀大肌與臀中肌這類髖關節的伸肌、外展肌群以及內收肌群，在分量上與視覺上都彰顯著自己的存在，相較之下屈肌群則是比較不顯眼的存在。在涉及髖關節屈曲的肌肉中，位於淺層、視覺上較明確且比較常被意識到的，應該是股直肌、縫匠肌，以及在抬腿姿勢中肌肉浮出會變明顯的闊筋膜張肌。

另一方面，儘管近年的研究漸漸揭示出屈肌群的重要性，但是對於髂腰肌的位置與走向仍不夠了解。明明髂腰肌是相當強大的動力源，到底為何會如此呢？深究其背後的原因，應該是因為髂腰肌（這裡是指腰大肌與髂肌的複合體）位於從體表極難摸到的深層（圖1）。即便詢問平常就有意識地訓練這條肌肉的人，往往也無法正確回答這條肌肉行經了何處。

尤其是腰大肌，眾所周知，腰大肌在直立雙腳步行的人類身上明顯比四腳獸還要發達得多。甚至還有報告指出，接受過直立雙腳步行訓練的雜耍日本獼猴，身上的腰大肌也很發達。

有份研究（Kimura, 2002）比較了人類與猿猴（日本獼猴、狒狒與紅毛猩猩）的腰大肌肌纖維類型，該報告指出，相較於猿猴，人類腰大肌中的Type I纖維比例是最大的。Type I纖維即所謂的「慢縮」肌肉纖維，是持久性能較佳的肌纖維。大概是在控制下肢的同時，軀幹在直立姿勢中變得不穩定，對於軀幹控制的需求也提高了吧？似乎可以說是仰賴髂腰肌的雙腳移動方式，放大了對腰大肌功能上的要求。

在短跑的指導現場中，這條肌肉的重要性從很早以前就受到矚目。莫里斯・格連（Maurice Greene）於1990年代末

儘管近年的研究
漸漸揭示出屈肌群的重要性，
但是對於髂腰肌的位置與走向
仍不夠了解。

圖1　髂腰肌與周圍的肌群

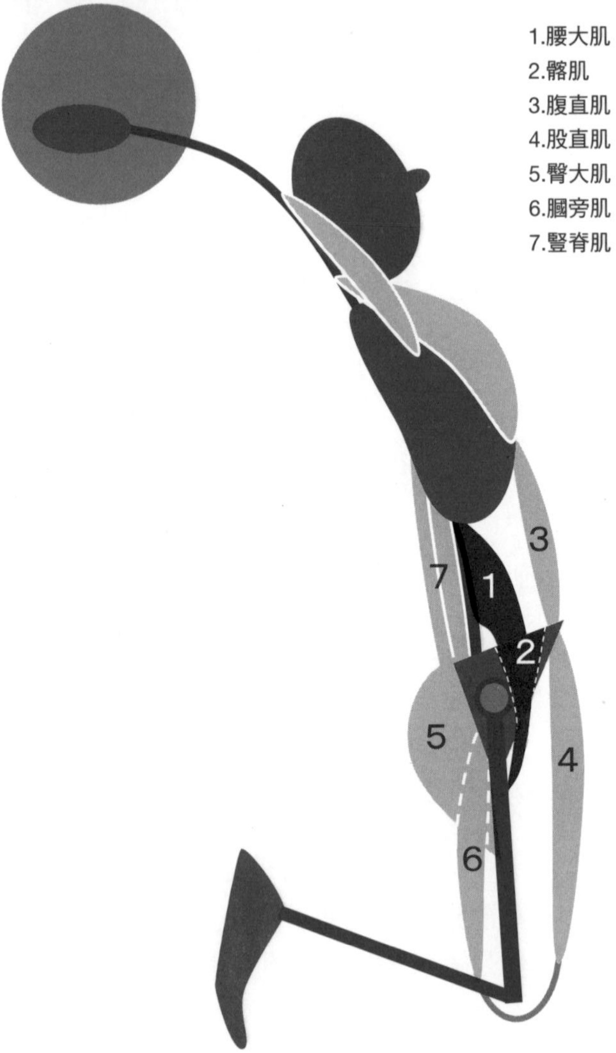

期至2000年代前期以短距離賽跑的優秀表現席捲全世界，他對「深腹肌」訓練的重視備受關注，讓世人重新認識其重要性並影響至今。

不僅如此，同一時期也開始聽聞各界從預防高齡者跌倒的角度來探討這條肌肉的重要性。實際上在「公益財團法人 健康與體力培養事業財團」的官網上，有篇標題為「一起來鍛鍊腰大肌吧」的文章，可以看到如下適合大眾閱讀的記述。

「腰大肌是連接股骨與脊柱的肌肉，會在維持直立姿勢或拉抬大腿的時候發揮作用。一旦這條肌肉衰退，便無法將沉甸甸的腳抬至足夠的高度。腳尖也會下垂，走起路來會有點『拖地』。如此一來，遇到一點高低差都很容易絆到，容易發生跌倒或骨折。（中略）腰大肌是讓人體直立、走路的核心肌肉，因此透過鍛鍊便可預防跌倒，還有助於預防與改善腰痛。」

腰大肌與腳尖下垂之間的關聯尚無定論，但是在日常生活中發揮著重要的作用，這點應該無庸置疑。

髂腰肌位於何處？

髂腰肌是肌束較長且強勁的髖屈肌，主要是由起始於腰椎並沿前方外側往下延伸的腰大肌，以及起始於髂骨內側面並與腰大肌會合的髂肌所組成。

腰大肌與髂肌結合而成的肌腱繞過股骨頸的前面，附著於小轉子上（圖2）。由圖可知，其走向沿著腰椎筆直往下穿過後腹壁之中，越過髖關節之際，轉彎曲線幾乎呈直角。

話說回來，是否可以實際觸摸到髂腰肌的肌腹及其收縮呢？若要直接觸摸髂腰肌，請先在股三角處摸到股動脈的跳動，想著髂腰肌就位於深層處，應該就比較容易找到（圖3）。老練的施術者只要把手貼在腰部外側，即可慢慢靠近腰大肌起始部位的附近。另外再以軀幹的水平截面圖標示出髂腰肌與其他腰部肌群之間的位置關係。可看出腰大肌的位置深埋於後腹壁並緊鄰腰椎椎骨（圖4）。要掌握整體肌腹當然是不可能的，但是只要在腰部與腹部的肌群放鬆的狀態下，謹慎地慢慢觸摸，便有可能摸出大致的肌肉輪廓。

圖2 髂腰肌的走向

腰大肌起始於最下方的胸椎與所有腰椎，髂肌則起始於髂骨翼的內側，兩者合而為一，附著在股骨背側的小轉子上。

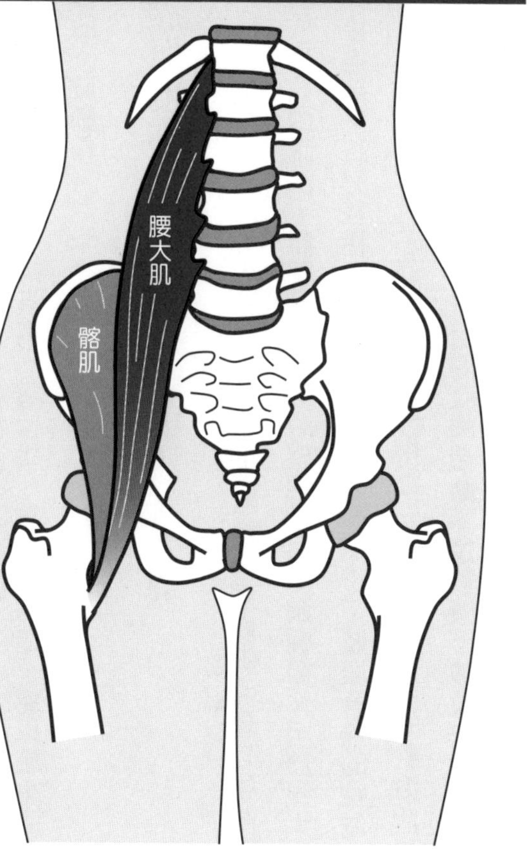

髂腰肌是肌束較長且強勁的髖屈肌。
主要是由起始於腰椎並沿前方外側往下延伸的腰大肌，以及起始於髂骨內側面並與腰大肌會合的髂肌所組成。

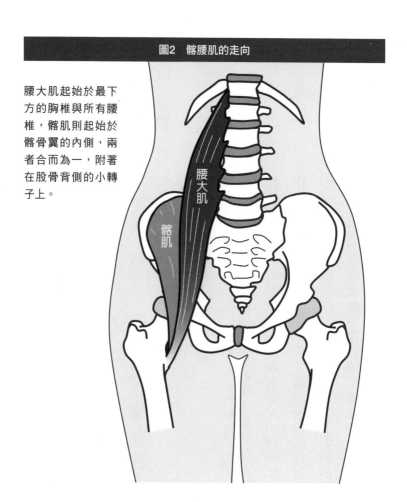

前一節也稍微提過，腰大肌在牛或豬等肉品中又稱為菲力，脂肪與肌腱組織較少，是人人皆知的高級肉。在人體中則是肌束較長且強勁的髖屈肌。若從肌束較長、肌纖維的走向與肌肉的全長比較接近平行這點來看，在肌肉全長的情況下應該很適合大幅提高速度。不僅如此，腰大肌的附著部位距離自由下肢的基部極近，所以或許可以斷言這條肌肉具備「齒輪比」較大的構造，能以較少的收縮量帶動較大幅度的下肢動作。

髂腰肌的作用——對旋轉的說法各異

從通過股骨頭前方的走向來看，不難想像這條肌肉具有屈曲髖關節的作用。按教科書式的說法，髂腰肌的作用的確就是屈曲髖關節。至於腰大肌，則是唯一一條直接連接下肢與脊柱的肌肉，肯定同時參與了下肢與脊柱的控制。

實際上，有份研究利用埋入電極來記錄人類行走中的肌肉活動，這份研究不僅觀察了應對髖關節屈曲作用的肌肉活動，還觀察了涉及脊柱左右平衡的活動。同時也進一步揭示，腰大肌的肌束中，起始於肋突（橫突）的背側部位具有伸展腰椎

圖3　股三角中的髂腰肌

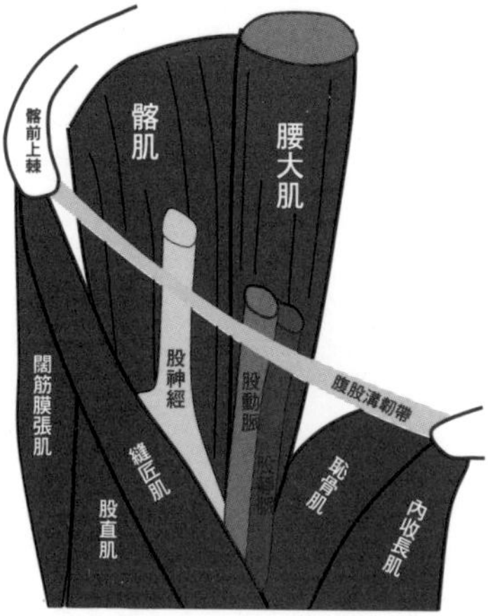

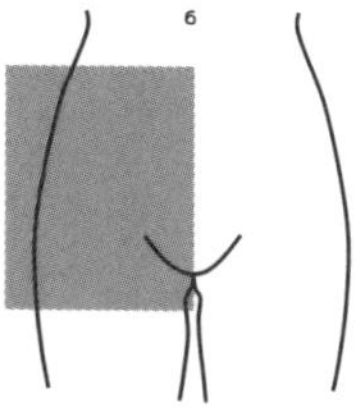

鼠蹊部的腰大肌位於髂前上棘與恥骨聯合的中間附近、股動脈的深處。

圖4　髂腰肌的位置（腰椎第3節）

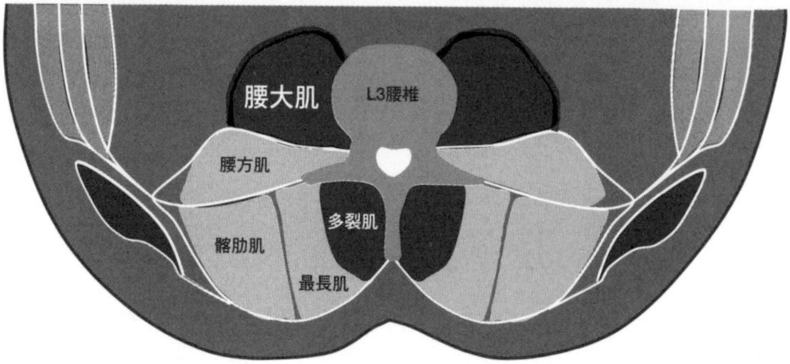

從背側看過去，腰大肌位於豎脊肌與腰方肌的深層，深埋於後腹壁般緊鄰著腰椎。

的作用。從腰大肌經過股骨頭前方往下繞進後方並附著於小轉子這點來看，也能預測腰大肌參與了髖關節的旋轉。

關於旋轉的說法莫衷一是，不過Skyrme et al.（1999）將人類屍體的髖關節保留了腰大肌、髂肌與髖關節的關節囊，在這樣的狀態下直接拉扯肌腹來確認這條肌肉的作用，並運用這樣的研究方法釐清了一件事：在直立姿勢中，髂腰肌的張力幾乎不會造成髖關節旋轉，而是單純讓髖關節屈曲；在髖關節屈曲90°的姿勢中，則顯示出小幅度的外旋作用；而讓髖關節處於外展姿勢的狀態下，最能明顯出現外旋作用。

比方說，在400m跑步的最後階段會發生「膝蓋骨折」的狀況，可以想見當髖關節內旋與內收的主動肌「內收肌」出現疲勞，抑制外旋的肌肉張力便會開始減少，若髖關節在此時採取外展姿勢，那麼當髂腰肌作用於下肢的回擺時，就容易帶出大幅度的外旋。即便處於疲勞狀態，一旦正確獲得了推進力，就必須讓推進動作中的髖關節呈內收姿勢，並避免偏往外旋方向，可想而知，內收肌的作用會變得至關重要。

有報告指出，一流短跑選手身上的腰大肌橫截面積非常大。下一節將會以髂腰肌為題，詳加探討其功能解剖學上的新見解與動態運動中的作用。

關於髖關節 其3

—關於髂腰肌②—

肌肉疲勞引起的「顫抖」

前一節我們聚焦於髂腰肌進行了一番探討。話說回來，大家曾經感受過髂腰肌疲勞嗎？大概是在哪個部位感受到這種疲勞的呢？思及此，我在自己的辦公桌下用力按壓大腿前面，試著以等長收縮的方式進行髖關節屈曲。筆者測試的結果是，從骨盆深處到臀部腰骶部隱約感受到疲勞（我認為身體深處的感覺未必正確地與知覺刺激發生源的位置相對應）。

更令我驚訝的是，當髂腰肌開始疲勞時，可以感覺到股直肌不規則地努力參與其中（雖然我這樣形容並不正確），似乎試圖維持髖關節的屈曲力矩。

當肌肉漸漸疲勞，運動單位的活動中會發生「募集」效應，讓張力發揮產生動搖。與此同時，還會開始出現「顫抖」。這些現象不限於髖關節屈曲。在前述的髖關節屈曲動作中，試著在這種顫抖發生時觸摸大腿部位，股直肌會設法補償張力而不規則地抖動起來。此時膝關節呈90°屈曲姿勢，而這種活動也會影響到小腿，足部會不規則地搖晃起來。

如果在實際的運動中處於極度疲勞的狀態，也會發生類似這樣的狀況嗎？另外在動態或循環性的運動中，狀況或許會有所不同。這個實驗很簡單，請務必試試看。本節將會針對與髂腰肌相關的功能解剖學新見解，與動態運動中的作用來詳加探討。

腰大肌的兩種肌束

從詳細的解剖學肌束構成分析來看便可得知，腰大肌含括了始自脊柱橫突（肋突）的肌束（橫突部位：圖1A），以及始自椎骨側部的肌束（椎骨部位：圖1B）。看得出來這兩種肌束都有屈曲髖關節的作用，不過對脊柱的作用則會依部位而異。

關於對脊柱的作用，橫突部位行經腰椎的前後旋轉軸的後方，因此會作用於腰椎的伸展（增加前彎）。反之，椎骨部位行經腰椎的前後旋轉軸的前方，所以會作用於腰椎的屈曲（減少前彎）。

在Park et al.（2012）的報告中，他們在下肢骨盆固定的狀態下從各種方向往胸廓施加負荷，並仔細觀察腰大肌此時的活動，其結果顯示的內容很有意思。在同時進行右側屈曲與伸展，即往「右斜後方」的伸展動作中，右側橫突部位顯現出最大幅度的活動，這和豎脊肌的活動類似。

另一個讓右側橫突部位出現大幅度活動的是軀幹的伸展動作。另一方面，往

圖1 腰大肌的起始與作用（參考Park et al., 2013的報告製成的示意圖）

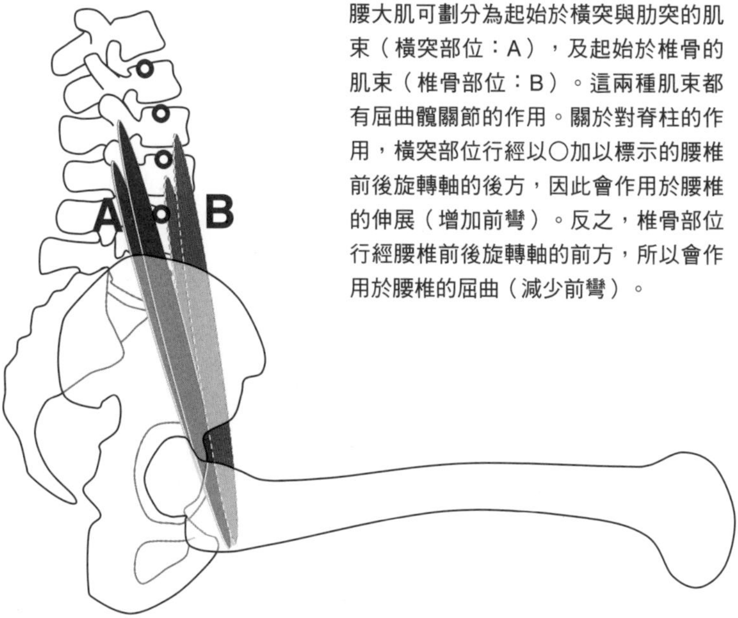

腰大肌可劃分為起始於橫突與肋突的肌束（橫突部位：A），及起始於椎骨的肌束（椎骨部位：B）。這兩種肌束都有屈曲髖關節的作用。關於對脊柱的作用，橫突部位行經以〇加以標示的腰椎前後旋轉軸的後方，因此會作用於腰椎的伸展（增加前彎）。反之，椎骨部位行經腰椎前後旋轉軸的前方，所以會作用於腰椎的屈曲（減少前彎）。

由此可知，腰大肌含括了
始自脊柱橫突（肋突）的肌束，
以及始自椎骨側部的肌束。

右側側屈，或是同時進行右側屈與屈曲，即往「右斜前方」的屈曲動作時，右側椎骨部位會顯現出最大幅度的活動。和橫突部位形成對照的是，椎骨部位在伸展中幾乎未顯現出活動。這些結果可說是反映了這兩種肌束在走向上的特徵。

此外，根據Park et al.（2013）的報告，橫突部位在軀幹伸展動作中，顯現出比髖關節屈曲動作更大幅度的活動。不僅如此，報告還指出：比起髖關節的角度，橫突部位受到腰椎或骨盆姿勢（彎曲・傾斜）的影響更為強烈。

在保持坐姿的狀況中觀察腰大肌的活動，會發現無論是橫突部位或是椎骨部位，在腰部挺直的姿勢中，活動量都是增加的，且多過腰椎後彎的姿勢。在做出腰椎輕輕前彎的姿勢時，椎骨部位的活動量看不出和筆直姿勢有何差異，但是在橫突部位的活動變得更大。不光髖關節所需要的出力，連軀幹發揮的力量與腰椎的姿勢都會影響腰大肌的活動，這項事實頗耐人尋味。

髂腰肌在跑步中的活動

有報告指出，一流短跑選手身上的腰大肌的橫截面積極大。然而，要從表面測量出這條肌肉在快跑中實際上做出什麼樣的活動實非易事，雖然已經有研究提出報告他們透過表面電極導出跑步中的肌肉電位，但是不得不說其結果尚有疑慮。當中有一份Andersson et al.（1997）的報告，運用電極線記錄了髂腰肌在步行與跑步中的活動。

在這項研究中，分別將電極刺入鼠蹊部3～4㎝深，以及第三至第四腰椎附近深達8・5～12・5㎝處，藉此記錄了髂肌的電位與腰大肌的活動。圖2標示出該電極線在秒速4m的跑步中所取得的肌肉活動。

由此可知，早在髖關節開始屈曲之前，也就是髖關節仍在伸展的狀態下，腰大肌與髂肌就已經開始活動。甚至還可看出，有別於髂肌，腰大肌有另一個獨立的脈波叢（burst，活動的集中）。幾位著作者研究這種只在腰大肌上觀察到的獨立脈波叢後，推測應該和軀幹的穩定有所關聯。

圖2　跑步中的右側髂腰肌活動（以Andersson et al., 1997的報告進行部分修改）

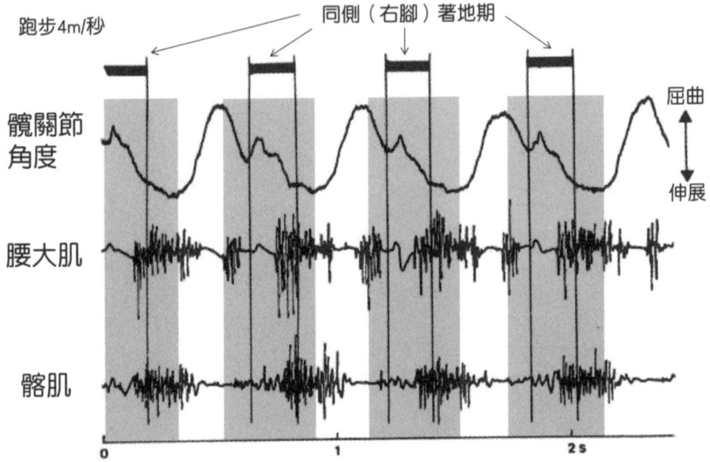

加了底色的部分為髖關節伸展狀態。腰大肌與髂肌大部分的活動皆出現在伸展時。唯獨在腰大肌可看到著地不久前出現了獨立的活動。

有報告指出，
一流短跑選手
腰大肌的橫截面積非常大。

這裡我想先聚焦在髂腰肌涉及髖關節屈曲時的活動狀況。實際上，從肌肉展開電氣活動到開始發揮張力為止，會有數十毫秒的延遲，但即便把這點考慮在內，仍有很大一部分的髂腰肌活動是出現在髖關節伸展時，亦即髂腰肌的伸展狀態。

而在髖關節伸展運動中，髂腰肌會進行離心收縮，而且是發生在跑步中髖關節最大伸展姿勢附近，因此推測髂腰肌是在伸展範圍（肌腱全長被充分拉伸的狀態）內活動。

進一步觀察髂腰肌在高速奔跑中的活動，以秒速5m的跑步來說，肌肉活動的時機和秒速4m時幾乎一樣。至於秒速6m，雖然報告只提及髂肌，但肌肉開始活動的時機平均值似乎稍微提早了（在統計上沒有意義）。

在Andersson et al.（1997）的研究中，最快的跑步速度為秒速6m。至於在更高速跑步中的肌肉活動，礙於技術上的問題，很難正確地直接測量。不過，根據圖像測量所計算出的關節力矩（以主動肌、拮抗肌的張力或韌帶的張力等綜合而成的實質關節旋轉力）的資料，還有以此為基礎並運用數學上的肌肉骨骼模型所進行的研究，皆可取得推測值，而從中得出的結果與前述的內容大致相同。

對訓練的啟發

一般常說髂腰肌的主要功能是「抬膝」。實際上是如何呢？的確，「抬膝」＝「髖關節屈曲為髂腰肌的主要功能」，這點是無庸置疑的。然而，假如針對跑步中的作用來看，正如前面所述，髂腰肌會進行離心收縮，而且是發生在跑步中髖關節最大伸展姿勢附近，所以可判斷髂腰肌處於伸展範圍，故而我們必須思考與這些狀況相應的訓練姿勢與負荷。

若是考慮到腰椎姿勢的影響，在有意識動員髂腰肌的運動中，骨盆前傾的控制便顯得格外重要。無論是為了提高訓練的效果，或是在預防傷害上，都應該留意這一點。

進一步來說，腰大肌是唯一一條直接連接脊柱與自由下肢的肌肉，也是涉及脊柱橫向平衡的肌肉。

我們必須再次理解一件事：跑步中會出現與其構造完美對應的活動。若從這點來思考，軀幹的側屈也是訓練選擇之一。

下一節將試著思考以這些為基礎所設計的訓練動作。

關於髖關節 其4
—髂腰肌的訓練—

我想從髂腰肌構造上的特徵與功能性的特色等來思考訓練的方法。

本節所介紹的訓練動作絕無特殊之處，甚至可說是司空見慣的方式，但只要有好好思考如何「運用髂腰肌」，應該就能得到一些啟發。在此介紹一些較具代表性的訓練動作，這些動作都格外重視在「伸展範圍」內的活動以及「離心收縮」的觀點。

這些運動並未實際測量肌肉活動來加以驗證，因此實際上是否能發揮效果，還有勞對此感興趣的讀者各自驗證。

跑步

有意識進行高速跑步的訓練中，專業性最高的方法應該還是跑步本身吧。如前一節所述，實際觀察髂腰肌在跑步中的作用後，可發現髂腰肌的活動為離心（伸展性）收縮，而且是發生在跑步中髖關節最大伸展姿勢附近，所以判斷髂腰肌處於伸展範圍，並且承受著離心負荷。故而我們必須思考與這些狀況相應的訓練姿勢與負荷。

以筆者的經驗來說，無論是短跑還是包括步幅限制的項目（如迷你跨欄訓練等），印象中髂腰肌的負擔都會變大。

關於所謂的「腹肌運動」

對髂腰肌施加負荷時，最需要注意的是：強勁的髖關節屈曲負荷恐怕會增強腰椎的前彎。前一節也有提到，考慮到腰椎姿勢的影響，在有意識動員髂腰肌的運動中，對骨盆前傾的控制會變得格外重要。無論是為了提高訓練的效果，或者是預防傷害，都應該留意這一點。在所謂的「腹肌運動」中，一般會建議在屈曲膝關節的姿勢下進行，正是由於這番緣故。

進一步利用所謂「仰臥抬腳腹肌鍛鍊」來施加強勁的負荷時，各位是否曾有腰部無力的感覺襲來呢？如果無視軀幹的穩定，勉強要求髖關節急遽地屈曲，那麼髂腰肌或股直肌等加強腰椎前彎或骨盆前傾的肌群就會急遽發揮張力，導致尚未準備就緒的脊柱產生激烈變形，有可能因此陷入危險的狀況。

若要避免這樣的狀況，最重要的是讓腹壁的肌群（腹直肌、腹斜肌與腹橫肌）確實發揮作用，不過還有一種方法能讓人稍微放心進行髖關節屈曲負荷較大的運動，那就是控制骨盆的傾斜。具體來說，如圖1「單腳拉抬（腹肌）」所示般，若是對右側髖關節施加屈曲負荷的話，方法便是讓左側髖關節呈屈曲姿勢，用以抑制骨盆前傾。抬起左腳骨盆就不會過度前傾，能夠抑制腰椎過度前彎。

換句話說，比較推薦的方法是施力於單側，而非同時對兩側施加負荷。只要採取這個方法，即便是充滿爆發性的髖關節屈曲（包含因承受負荷而帶有反作用力的離心收縮狀態），應該也能比較安全地進行。

圖1　單腳拉抬（腹肌）

僅單腳固定於腹肌台上，軀幹與自由的腳化為一體來進行動作。手持重物並加快動作的切換，即可對固定側的髖關節施加強勁的離心收縮，而骨盆則因自由的腳處於屈曲姿勢而不易極端前傾。

圖2　弓箭步姿勢的側屈

讓髖關節伸展那側的髂腰肌處於伸展範圍，在這樣的狀態下進行側屈。亦可搭配弓步蹲或是快速踏步（雙腳交替動作）。

如果無視軀幹的穩定，
勉強要求髖關節急遽地屈曲，
那麼尚未準備就緒的脊柱會產生激烈變形，
有可能因此陷入危險的狀況，必須注意！

運用槓鈴的方法

腰大肌是唯一一條直接連接脊柱與自由下肢的肌肉，也是涉及脊柱橫向平衡的肌肉。我們必須再次理解一件事：跑步中會出現與其構造完美對應的活動。若從這點來思考，軀幹的側屈也是訓練選擇之一。

圖2的運動是在頭部上方手持重物，同時擺出弓箭步，用這個姿勢進行軀幹側屈。髖關節伸展那側的髂腰肌處於伸展姿勢，在此時加上側屈，應該可以在伸展範圍內動員腰大肌。至於負荷，一開始先從舉起上肢這種程度的負荷開始，之後再運用藥球或槓鈴片等來進行即可。這種方法既可靜態進行，亦可於習慣姿勢與負荷後，結合弓步蹲或快速踏步（雙腳交替動作），以動態來進行。

圖3為西斯深蹲，是可以在伸展範圍內對身體的前面、胸部到腹部、髖關節與大腿前面的肌群一鼓作氣施加負荷的運動。乍看之下好像很危險，不過此動作並非局部屈曲髖關節或膝關節，而是確實收縮腹壁的肌群，同時如巨大的弓般運用整個身體，藉此便能抑制骨盆過度前彎，比較安全地進行訓練。

假如此時腹直肌的張力上升，恥骨聯合會隨之被拉抬，骨盆的前傾就會受到抑制，可以實際感受到，腹部肌群所涉及的不單純只是提升腹壓，也與骨盆姿勢的控制密切相關。

弓箭步（圖4）是廣為人知的運動，用來訓練往前跨的腳的大腿部位與髖關節的伸肌。髂腰肌會涉及處於伸展姿勢的後方下肢，可以想見這個動作在伸展髂腰肌的同時，也施加了很大的負荷。我們可以

圖3　西斯深蹲

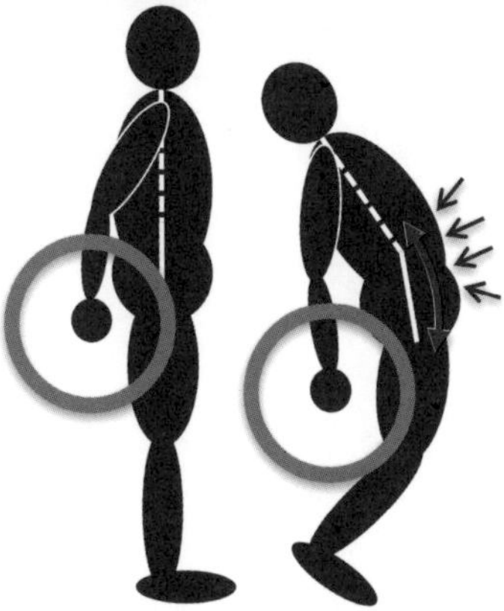

讓全身彎曲呈弓狀來進行，重視腹壁肌群的伸展與緊繃，即可藉此抑制腰椎過度前彎。

圖4　弓箭步

髖關節伸展那側的髂腰肌會在伸展範圍內活動。亦可加入弓步蹲與後弓箭步（大步後跨），或是變換速度來進行。

在進行一般前踏式弓箭步時，在跨步速度上做各種變化，而進行弓步蹲與後弓箭步（大步後跨）等動作時，相較之下會更要求髂腰肌在伸展範圍的活動（離心收縮／向心收縮）。

髂腰肌的拉伸動作（追加）

拉伸髂腰肌時還必須留意腰椎前彎的控制，也就是骨盆的控制。圖5中，施術者以單手壓著受術者的骨盆，同時拉抬其大腿，使髖關節呈過伸展姿勢。如果這隻按壓骨盆的手改放在腰椎處，受術者應該會因為腰椎的前彎太強烈而表達不適或不安。

然而，這種方法比較要求施術者的肌力，因此某些情況下職業摔角的「波士頓蟹式固定」之類的方法也很有效。在這種情況下，如果目標是要讓對方「投降」，那麼施術者只需坐上受術者的腰部即可。但是為了安全地進行髂腰肌的拉伸動作，最好坐在骨盆上，避免腰椎前彎，同時讓髖關節慢慢往伸展姿勢拉伸。此時利用浴巾或薄墊等對腹部加壓也頗具效果。

另外一個方法是以仰躺來進行（圖6）。受術者擺出讓下肢伸到桌子邊緣外的姿勢。施術者讓欲拉伸那側的另一側髖關節呈屈曲姿勢，藉此控制骨盆的傾斜。如圖6所示，施術者以右手操作受術者的左下肢，左手操作右下肢，留心避免骨盆前傾（即不要讓腰椎過度前彎），同時緩緩加大髖關節的伸展。這個方法

拉伸髂腰肌時的留意重點
在於腰椎前彎的控制，也就是骨盆的控制。

圖5　髂腰肌雙人拉伸動作（俯臥模式）

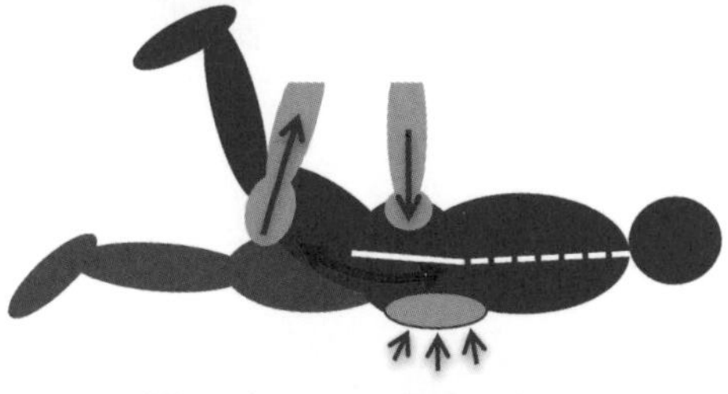

控制骨盆，讓腰椎前彎減至最低來進行拉伸動作。也可以在腹部放個墊子之類來提高腹部的壓力。

圖6　髂腰肌雙人拉伸動作（仰臥模式）

利用桌子等的邊緣來進行。此法是讓進行拉伸的相反側髖關節保持屈曲姿勢，控制骨盆的前傾，即可減輕對腰部的負擔。

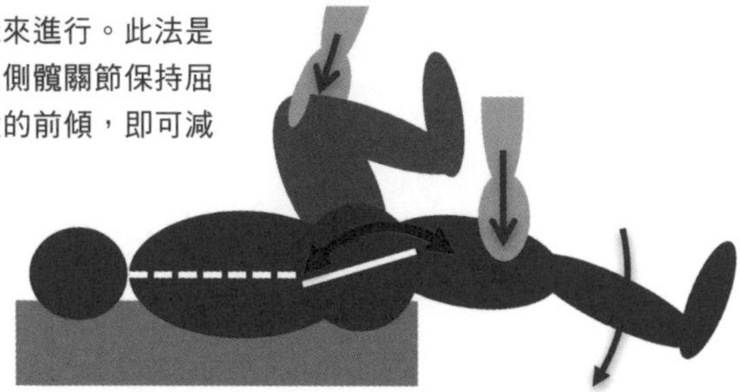

和「單腳拉抬（腹肌）」或在弓箭步中控制骨盆是一樣的道理，藉著髖關節呈屈曲姿勢那側的下肢，來抑制骨盆過度前傾。

試著在這些拉伸動作中提高受術者的腹壓，便可感受到髂腰肌伸展的感覺有些微變化。提高腹壓時，會積極抑制腰椎前彎，或許便選擇性地拉伸著附著於椎骨的部位。

Chapter 4

關於膕旁肌

關於膕旁肌 其1

—膕旁肌的構造與作用—

何謂膕旁肌（hamstrings）？

位於大腿後面並且參與膝關節屈曲的肌群，稱為膕旁肌。追溯英文的語源，「ham」既有廣為人知的「食用豬腿肉」之意，還有「屈曲膝蓋」的意思。後面再結合表示肌腱或韌帶的「string（s）」，即構成「hamstring」這個單字。

人類的膕旁肌是由外側的股二頭肌、內側淺層的半腱肌及內側深層的半膜肌所構成（圖1）。膕旁肌是膝蓋的屈肌，大家對於這件事的印象較為強烈，不過半腱肌、半膜肌與外側的股二頭肌中，長頭起始於坐股結節並跨越了髖關節，所以會作用於髖關節的伸展。因此，若要在站立時維持鞠躬的姿勢，豎脊肌與臀大肌作用的同時，由膕旁肌產生的髖關節伸展力也十分重要。

圖1 右大腿後面的肌群

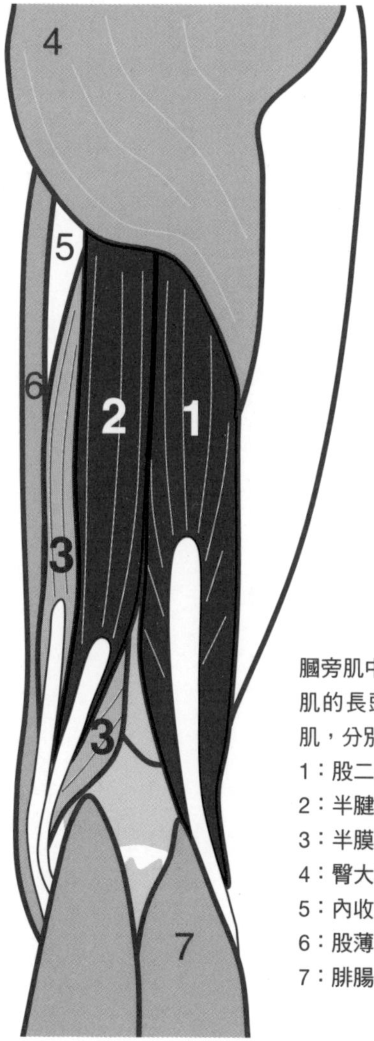

膕旁肌中，位於外側淺層的是股二頭肌的長頭。內側則為半腱肌與半膜肌，分別沿淺層與深層延伸。

1：股二頭肌（外側膕旁肌）
2：半腱肌（內側膕旁肌淺層）
3：半膜肌（內側膕旁肌深層）
4：臀大肌
5：內收大肌
6：股薄肌
7：腓腸肌

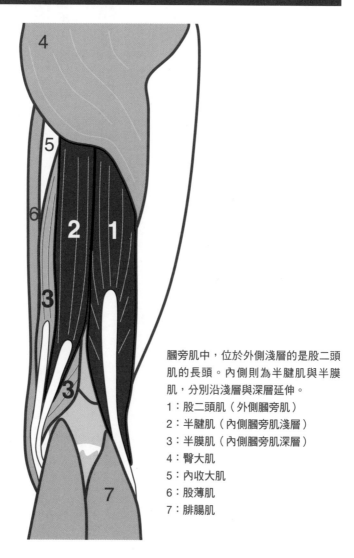

如上所述，膕旁肌會同時作用於髖關節伸展與膝關節屈曲，因此在高速快跑或跳躍、大幅邁步移動、以爬坡或前傾姿勢推進等動作中，膕旁肌會控制膝關節的姿勢，同時在傳遞髖關節的伸展力到地板的踢腿動作上，或下肢整體的擺盪動作上發揮著重要的作用。

很難意識到膕旁肌？

股四頭肌位於大腿前面，每天看到或觸摸的機會也多，還直接涉及膝關節的抗重力活動，相較之下，一般人在日常生活中可能較少有機會意識到膕旁肌。一般人只有在進行立姿前屈這類伸展著膝關節直接前屈的姿勢時，才會強烈意識到其存在吧。大多數人處於膝關節伸展的姿勢時，膕旁肌往往是限制髖關節屈曲可動範圍的主要原因。

另一方面，這個肌群發生痙攣時，都會伴隨劇烈的疼痛。這也是感受這個肌群的好機會吧。之所以會有這樣的特徵，也是受到膕旁肌雙關節性質的影響。膕旁肌之所以會對髖關節屈曲造成限制，是因為膝關節處於接近伸展姿勢的狀態，一旦膝關節做出深度屈曲，那麼就算屈曲髖關節，膕旁肌也不會感到緊繃。

那麼痙攣又是怎麼一回事呢？肌肉的痙攣有各種可能的原因。談到肩胛下肌的章節裡（278頁）也有提到，收縮範圍內的強勁收縮是可能的主要原因之一。雙關節肌的兩端關節都會涉及到肌肉全長的變化，所以感覺很容易造成極端的收縮狀態。

此外，大家都知道膕旁肌是肌肉拉傷的好發部位。我認為雙關節性質與這種肌肉拉傷大有關係。短跑、足球與橄欖球選手等等，這些競賽選手的競賽表現都與高速快跑密切相關，因此膕旁肌拉傷是讓他們傷透腦筋的一大難題。順帶一提，「hamstring」這個單字作為動詞使用時，也有「使～變得一無是處、使～無力、使～挫折」的意思。哇～感覺有點嚇人呢。

構成膕旁肌的肌群

股二頭肌是佔據大腿後面外側的碩大肌肉，長頭起始於髖骨最下端的坐骨結節並跨越髖關節，短頭則起始於股骨後面且僅跨越膝關節，兩者會合為一條粗大的停止腱，終止於小腿外側的腓骨小頭。股二頭肌對膝關節產生屈曲作用的同時還具備外旋作用。讓我們試著以坐在椅子上的姿勢，旋轉小腿來改變腳的方向。腳尖朝向外側（使小腿外旋）時，可看出二頭肌粗大的停止腱緊繃起來。因為長頭跨越了髖關節，所以也會作用於髖關節的伸展。

半腱肌起始於坐骨結節，終止於脛骨的內側髁後面，是位於大腿後面內側最淺層的索狀肌肉，如其名所示，擁有很長的停止腱。停止腱的橫截面為圓狀，以膝關節屈曲姿勢發揮張力的狀態下，從體表便能明顯摸到。觸摸便可知道，半腱肌緊鄰同樣位於大腿後面內側、肌腹與停止腱皆呈扁平狀的半膜肌。

半膜肌雖然位於比半腱肌更深層的位置，但其呈扁平狀且較寬廣，所以在半腱肌邊緣的皮下可直接摸到。關於這一點，請以圖1確認一下雙方的位置關係。半腱肌的遠端（膝關節側）與縫匠肌、股薄肌一起形成鵝足肌腱。從構造來看便一目了然，鵝足肌腱

從平面圖很難理解，

但實際觸摸看看，便可輕鬆理解位置關係。

正確答案就在我們的身體裡。

具備伸展髖關節、屈曲膝關節以及內旋膝關節的作用。半膜肌的遠端亦稱為深鵝足肌腱。

內側的膕旁肌與股二頭肌相反，是在膝關節屈曲姿勢下作用於小腿的內旋（使腳尖朝向內側的動作）。以坐在椅子上的姿勢，小腿前面與腳尖朝向內側（使小腿內旋）時，可看出內側膕旁肌的停止腱明顯緊繃起來。這時膝蓋內側最淺層處摸得到橫截面為圓狀的細條肌腱，即為半腱肌，而位於更深層、呈扁平狀且較寬廣的肌腱，則是半膜肌。從平面圖很難理解，但實際觸摸看看，便可輕鬆理解兩者的位置關係。解剖的正確答案就在我們的身體裡。

大腿裡存在著「monofunctional」的雙關節肌嗎？

這些肌肉皆由坐骨神經支配，出現坐骨神經受到壓迫的症狀時（最具代表性的便是腰椎椎間盤突出症），有時會造成慢性疼痛。「覺得膕旁肌疼痛，反覆做了拉伸動作或按摩等，卻完全不見改善」、「膕旁肌疼痛不已，卻無法明確指出局部的疼痛之處」、「有腰痛的老毛病」、「對坐骨神經伸展測試有反應」，如果有符合這些條件，就必須懷疑可能是坐骨神經症狀。

順帶一提，內側的膕旁肌與股二頭肌的長頭皆涉及膝關節屈曲與髖關節伸展，因此被視為「bifunctional（具備兩種作用）」的雙關節肌，意即對整體下肢兩端的作用各異。這點和位於大腿前面的股直肌是一樣的（髖關節屈曲&膝關節伸展）。

那麼這裡要提出一道題目：「大腿有『monofunctional』（單一功能的）雙關節肌嗎？」答案是：「有。」縫匠肌便是一例。縫匠肌起始於髂前上棘，斜向橫穿過大腿前面，終止於鵝足肌腱，是細長型且擁有全身肌肉中最長肌纖維的肌肉。這條肌肉是跨越髖關節與膝關節兩方的雙關節肌。

就如同目前為止所述，位於大腿的其他雙關節肌，對一方關節而言為屈肌，對另一方關節則是作為伸肌來發揮作用，唯獨縫匠肌較為特殊，對髖關節與膝關節都是發揮屈曲作用。很可能是受到這種構造與作用的影響，在一些要求下肢操作俐落的快速動作練習中，過度使用這條肌肉就會造成肌肉痠痛，而且這份疼痛十分頑強，遲遲無法消除。我碰過很多這樣的案例。

最後的討論已經偏離髕旁肌的話題，不過如果大家能一邊思考一邊聯想這些肌肉的運作，那就再好不過了。

圖2以示意圖標示出較具代表性的大腿雙關節肌，針對bifunctional的肌肉與monofunctional的肌肉做了一番對照。

圖2　大腿的雙關節肌

・臏旁肌的作用為伸展髖關節／屈曲膝關節

・股直肌具有屈曲髖關節／伸展膝關節的作用，兼具伸肌與屈肌雙方的作用，屬於bifunctional的雙關節肌。另一方面，縫匠肌則是對髖關節與膝關節都會發揮屈曲作用，屬於monofunctional的雙關節肌。

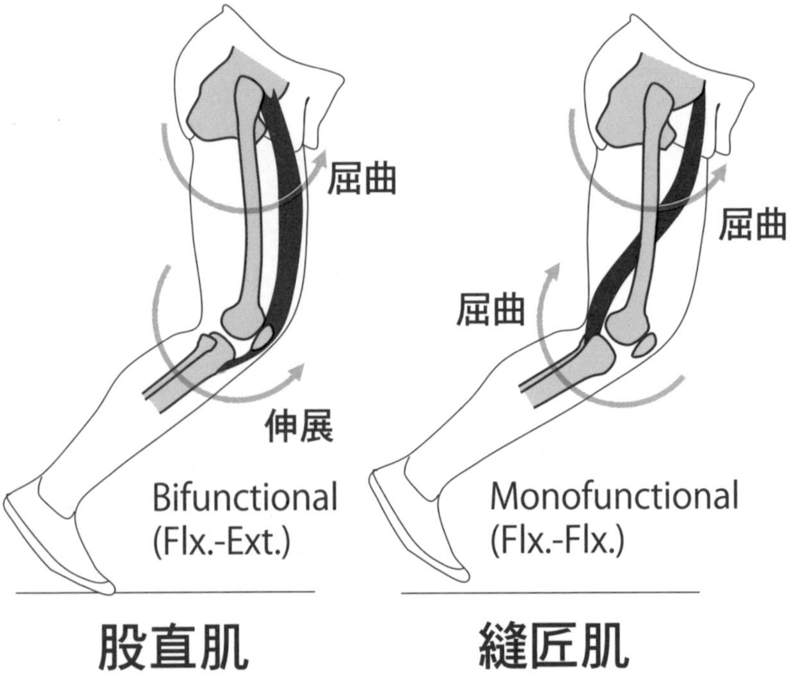

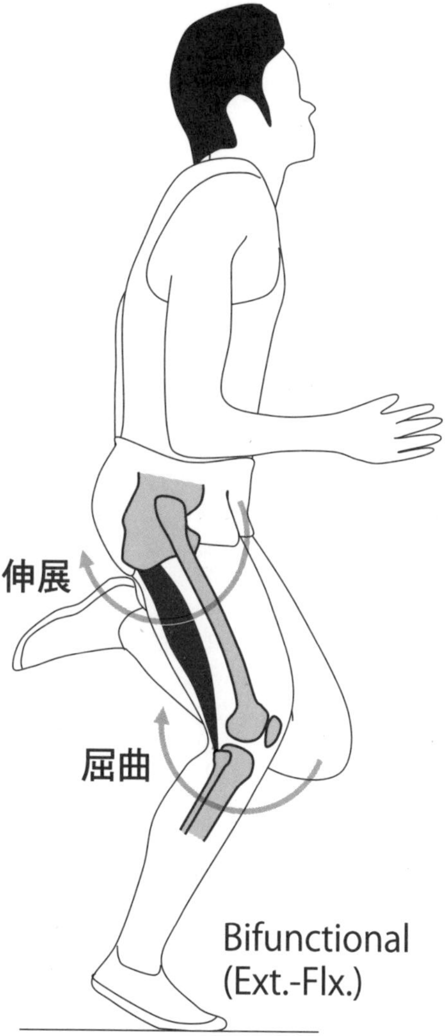
伸展
屈曲
Bifunctional
(Ext.-Flx.)

膕旁肌

關於膕旁肌 其2

—肌肉拉傷—

令運動員煩惱不已的重大傷害

與膕旁肌相關的問題中，與訓練密切相關而備受關注的，便是在動作中發生的肌肉拉傷。其病況多樣，有些是肌肉與筋膜局部損傷，有些是完全斷裂，有些則是肌間的血管或結締組織損傷，症狀與預後也會依情況而異。無論如何，膕旁肌拉傷會突然發生在短跑選手、多數橄欖球選手或足球選手身上，是令他們困擾不已的重大傷害。

雖然目前已經提出各式各樣的預防對策，但似乎仍無法完全杜絕肌肉拉傷的問題。然而，在預防這種肌肉拉傷，或是改善受傷後的預後狀況方面，訓練所發揮的作用可說是非常大。我想從這樣的角度切入，帶大家理解肌肉拉傷的機制，並從功能解剖學的角度來進行與訓練構思相關的討論。

話說回來，除了人類以外，大家知道哪些動物也會發生膕旁肌拉傷嗎？我從沒聽過狗或貓會肌肉拉傷。那麼賽馬的「屈腱炎」是否相當於膕旁肌拉傷呢？我這麼想並試著調查後才知道，這似乎等同於跟腱炎或是阿基里斯腱部分斷裂。就這層意義來說，膕旁肌拉傷是人類特有的傷害。那麼這種傷害究竟是如何發生的呢？

肌肉拉傷絕大多數都發生在雙關節肌

以大腿前面來說，股直肌比股肌群更常拉傷，小腿肚上則是腓腸肌比比目魚肌還常發生，膕旁肌則是股二頭肌長頭或半膜肌比股二頭肌短頭更容易拉傷，如此說來，大部分的情況下，發生肌肉拉傷的都是雙關節肌。如果造成肌肉拉傷的主要原因單純是強勁的張力或變形，便不足以說明為什麼雙關節肌發生拉傷的頻率這麼高。或許是較容易受到無法完全控制的外力影響，比如肌肉長度會受到參與的雙關節兩方之轉位影響而有所變化，所以很可能造成肌肉長度急遽變化等。

從比較鬆弛的狀態一鼓作氣增加張力，類似的狀況也很容易在雙關節肌引發拉傷。然而，令人費解的是半腱肌幾乎不會發生肌肉拉傷。頻頻有報告提出位於更深層、與半腱肌相鄰的半膜肌發生拉傷，卻幾乎未曾提及半腱肌拉傷。其背後究竟有著什麼樣的祕密呢？關於這一點，我尋思著，會不會是肌肉本身的構造（肌肉型態、神經支配等）與肌肉拉傷的發生機制有著密切的關係呢？

膕旁肌拉傷的受傷機轉

大多數的情況下，受傷的人都是在幾乎使盡全力的高速快跑中，大腿後面突然「感受到衝擊」或是「有啪嚓斷掉的感覺」，另外還有人形容是「肌肉被扭轉的感覺」、「咕嚕動了一下」、「好像抽筋的感覺」等等。

這些在快跑中拉傷的案例，有很多是發生在突然加速或變換節奏時，或是為了衝向終點或交棒而往前傾的瞬間等較為特殊的場面。似乎也有不少案例在拉傷前有感受到某些不對勁的前兆。與之相關的主要原因不一而足，比如狀態絕佳、順風、肌力不足、疲勞、同一部位有舊傷、其他部位負傷等，這些可能的主要因素交互影響時，便衍生出受傷之機。

膕旁肌拉傷的病況

奧脇（2017）依狀態將所謂的肌肉拉傷大致分為三類。I型即所謂的「肌間損傷」，只有肌肉的供養血管受到損傷。這種情況的特徵在於伸展時意外地並無太大的疼痛，而且治療所花費的時間大多較短。II型含括了肌纖維本身或腱膜的損傷，肌力會減弱且伸展時疼痛顯著，治療也較花時間。III型則是肌腱完全斷裂，斷裂的肌肉已經無法發揮張力，還必須進行外科治療。受傷後，若在受傷部位摸到明顯的凹陷或變形，必須預設已造成大面積的斷裂。

說個題外話，與此症狀相似的，還有常見於發育期的骨盆剝離性骨折。在發育期間，骨骼的中心部位與邊緣部位（骨端）之間還留有成長軟骨，有時留下的是強度較低的部分。曾有過一個案例是因為膕旁肌的肌肉張力導致坐骨結節以這種成長軟骨為

狀態絕佳、順風、肌力不足、疲勞、同一部位有舊傷、其他部位負傷等，這些可能的主要因素交互影響時，便衍生出受傷之機。

分界發生剝離。另外雖不是髖旁肌，不過也曾發生過骨盆的髂前上棘（縫匠肌等之起始點）在發育期快跑時發生剝離性骨折，筆者也直接目擊過好幾個案例。

原因在於這些動作與力量

關於快跑中的肌肉拉傷，飯干等人（1990）以髖旁肌曾拉傷的短跑選手與無受傷經驗的短跑選手為對象，對其快跑動作（起跑衝刺第五步）做了一番比較，在報告中指出兩者的差異。這份報告雖然舊了點，但在此之後尚未碰到比它更有系統且詳細的研究。報告中列舉出幾項受過傷的人在動作上的特徵：「（1）小腿的外踢較大，著地點較遠」、「（2）有軀幹前傾較深的傾向」、「（3）著地時膝關節屈曲較深」。

圖1是根據飯干等人（1990）所提出的見解，以示意圖標示出「造成肌肉拉傷的動作」。若是從髖旁肌的雙關節性來思考，小腿的外踢與軀幹的前傾皆會在較大的伸展範圍內操控髖旁肌。而膝屈曲的深度乍看之下會覺得與髖旁肌的伸展無關，但在推進狀態下加大膝伸展，也可能使髖旁肌急遽伸展。除此之外，飯干等人

（1990）也已揭示，受過傷的人在著地期前半的髖關節伸展力矩較大。

與此相關的還有小林等人（2007）所提出的報告，他們觀察了快跑中的肌肉活動（於50m處），並提出在著地後半期以及擺盪後半期，比起沒有受傷經驗的人，曾肌肉拉傷的人其髂旁肌的肌肉活動水準較高。損傷的風險似乎也會因足部抓地時發揮力量的時機點或著重點而有所變化。

那麼，肌肉拉傷究竟是在什麼樣的狀態下發生的呢？關於在快跑以外的情況下所引發的髂旁肌拉傷，比較常見的是在拉伸動作中過度伸展（Overstretching）所造成（圖2a）。由於是在腱膜已無餘裕伸展時，又進一步拉伸而發生的情況，因此大多伴隨著筋膜損傷，需要比較多的時間治療。同樣是過度伸展的案例，還有一種狀況是在軀幹處於前屈姿勢的狀態下，從後方承受外力接觸或是強制劈腿（圖2b）。然而，我不認為在快跑中會頻繁發生這種過度伸展的狀況。

我向受傷的人詢問了在快跑中意識到發生髂旁肌拉傷時的情況，不知是否因為動作速度太快或是受到循環動作的影響，有一些案例無法明確說出確切的情況。比較明確意識到的案例大致分為兩種狀況，一種是在著地後半期「於著地時踢地，

著地時膝關節
屈曲較深

圖1　造成肌肉拉傷的快跑動作

筆者參考飯干等人的《スタートダッシュフォームと肉離れのバイオメカニクス的研究》（暫譯：起跑衝刺姿勢與肌肉拉傷的生物力學研究，體育學研究34:359-372,1990）製成。

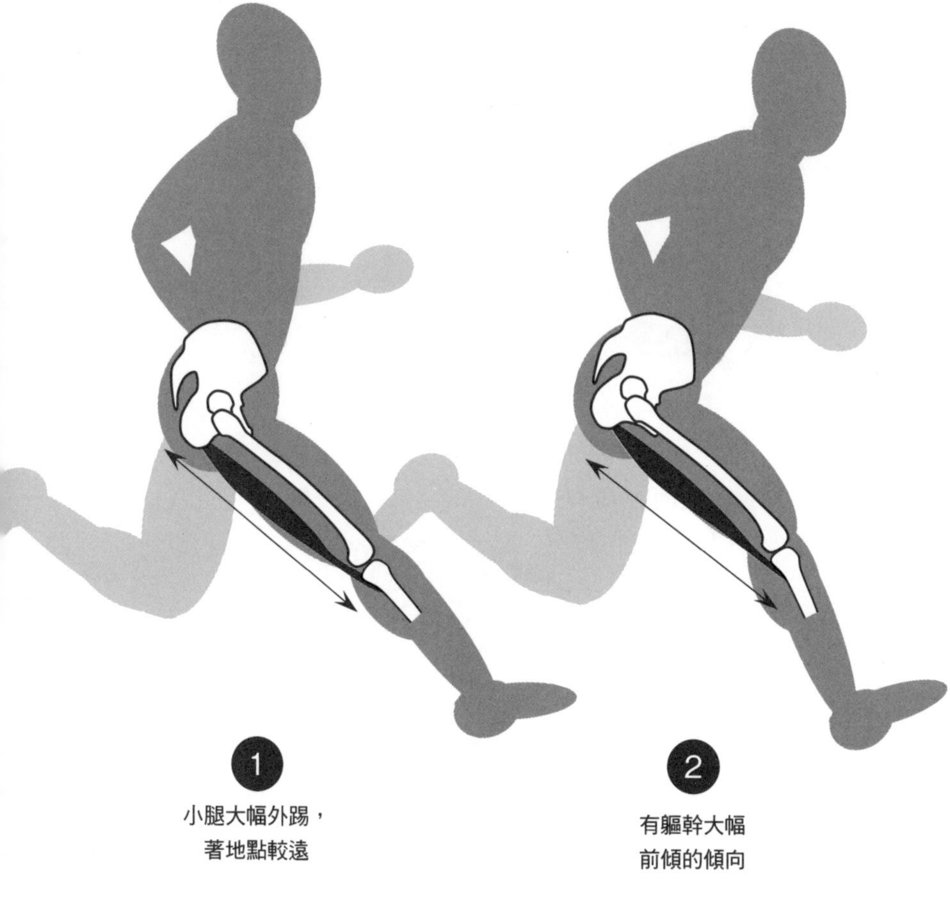
1
小腿大幅外踢，
著地點較遠
2
有軀幹大幅
前傾的傾向

圖2　因過度拉伸造成膕旁肌損傷的案例

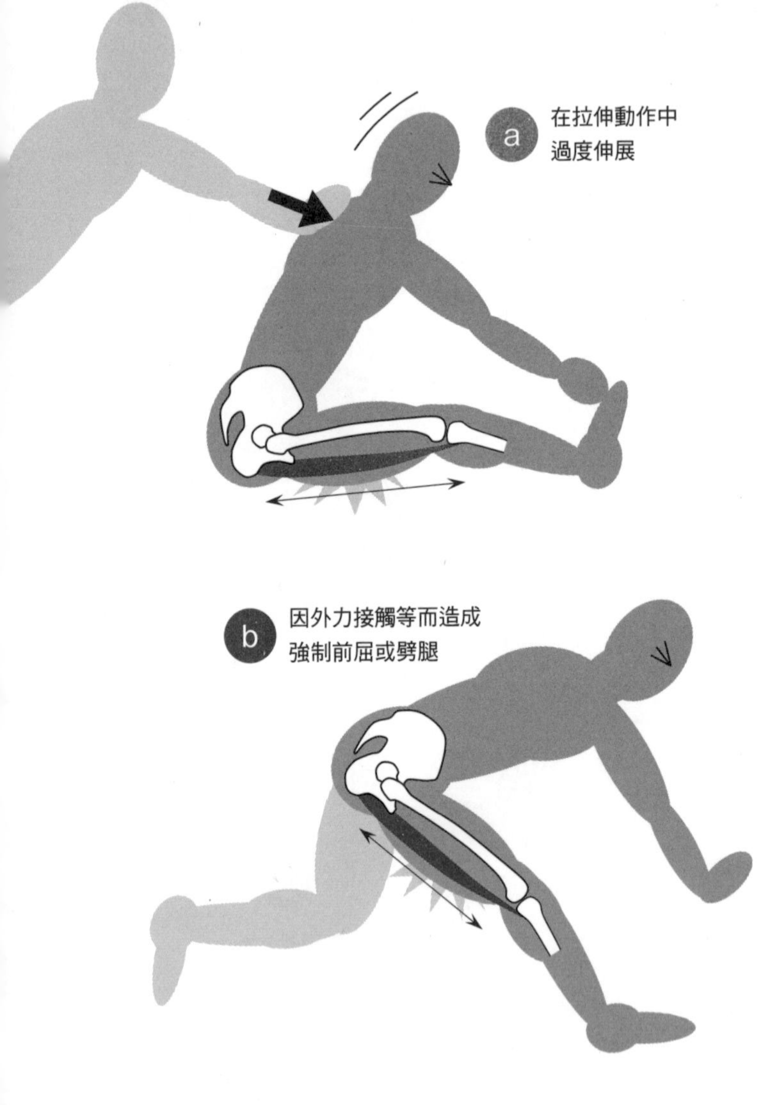

正要試圖往前推進時」，另一種則是在離地後半期「於著地前將小腿往前方踢出，或是試圖將踢出的下肢拉回到著地點時」，似乎以這兩種情況居多。

至於詳細的機制，幾乎沒有研究採用受傷時的力學性指標，雖然還只是推測，但我想針對從狀況證據所能想到的結構來繼續探討。關於更詳細的討論，我打算留到下個章節。

關於膕旁肌 其3

—快跑中的肌肉拉傷是如何發生的呢？—

可恨的肌肉拉傷

肌肉拉傷的日文為「肉離れ」，所以我中學時期一直以為應該是肌肉從骨骼上剝離了。後來聽了別人的案例、觀察了實際情況，並且做了深入的學習，從中學會了這個知識：肌肉拉傷其實是肌肉或腱膜斷裂。隨著圖像診斷的進步，我又聽聞肌肉拉傷中也包含不少肌間結締組織或供養血管的損傷，現在對肌肉拉傷實際情況的相關認知，已經和筆者中學時期的印象相差甚遠。

順便分享一件三十多年前的陳年往事。當時筆者大學一年級，有位從小學到高中的好友來訪。他大學入學測驗落榜後當了一年重考生，以筆者就讀的大學為目標準備重考，他反覆進行訓練，做足了準備來應試。當時他抱持著遠大志向來挑戰考試，不料卻在技能考試中拉傷了髕旁肌，結果在測驗中都拖著腳而未能達成目標。看著他無法隨心所欲奔跑而遭受不得志的沉痛打擊，我內心十分難受，如今回想起來仍記憶猶新。

在那之後，我又近距離目擊了幾次這樣的情景：狀態絕佳的大四學生，在最後大專聯賽的最後一場接力賽中，第一棒就發生肌肉拉傷而動彈不得；頂尖運動員為一再發生的肌肉拉傷所苦。雖然每次都覺得肌肉拉傷實在可恨，但我也開始從機制上的觀點來思考，進而產生一個巨大的疑問：在日常中發揮龐大張力的肌肉為什麼會突然損傷呢？

本節主要是想針對短跑中肌肉拉傷的機制來陳述個人見解。之所以說是「個人見解」，是因為相關的先行研究雖然隨處可見，卻基於「幾乎沒有實際受傷時的資料」、「設定的跑步速度較低」、「很難實測髕旁肌的張力」等理由，找不到能推斷出其機制的決定性參考資料。

膕旁肌的「神奇張力」

根據Schache et al.（2010）的報告（張力的部分是以實際的短跑動作測量資料為基礎，利用模型來推斷），大約從擺盪中期之後到站立中期為止，會有股龐大的張力施加在膕旁肌上。肌肉張力的提高應該與肌肉本身或周邊組織的損傷密切相關，所以一般自然會認為，發生肌肉拉傷的狀況會集中在這一帶。

再次重提前一節所說的，有份報告根據競賽選手的主觀認知指出，在快跑中意識到發生膕旁肌拉傷的情況大致分為兩種，一種是在擺盪後半期「於著地前將小腿往前方踢出，或是試圖將踢出的下肢拉回到著地點時」，另一種則是在著地期「於著地時踢地，正要試圖往前推進時」，兩者皆與前述「膕旁肌所發揮的張力變大」的狀況是相符的。

然而，在腿部彎舉或腳踏車踩踏動作中，膕旁肌的張力也會變大，卻幾乎沒看過膕旁肌斷裂的案例。膕旁肌在這類運動中應該也發揮了一定程度的張力，這究竟是怎麼回事呢？難道膕旁肌拉傷是短跑特有的狀況嗎？

擺盪期的機制

在非支撐腳回擺的狀態下，小腿會受到膝關節周遭關節力的影響而往前踢出，關於這個原理我們在Chapter1〈關節沒了肌肉也能動!?〉已經討論過。圖1試著以示意圖更淺顯易懂地表示出其狀態。試圖將整體下肢往後回擺至著地點的力量，會以「關節力」的形式發揮強勁的作用將膝關節往後方拉。這股關節力會把遠離小腿重心的膝關節側往後方拉回，所以小腿承受這股力量後，便會如圖中所示往順時鐘方向旋轉。

以結果來說，這個動作化為一股讓膝關節急遽伸展的力量，但是為了降低其速度，會動員膕旁肌進行離心收縮。然而，這股關節力所帶動的膝伸展力矩是急遽發生的，與膝蓋周圍的肌肉活動幾乎無關，所以有時會發生無法完全控制的狀況。不僅如此，即便其他髖關節伸展肌群或多或少都有貢獻，但由於動員膕旁肌讓下肢回擺，故而處於一種以協調性來說極其特殊的矛盾狀況，有可能「本身愈強勁地發揮作用，愈會遭外力急遽拉伸」。一般來說，只要關節力發揮作用，應該就會動員

圖1　高速快跑中的大腿回擺與關節力帶動的膝伸展

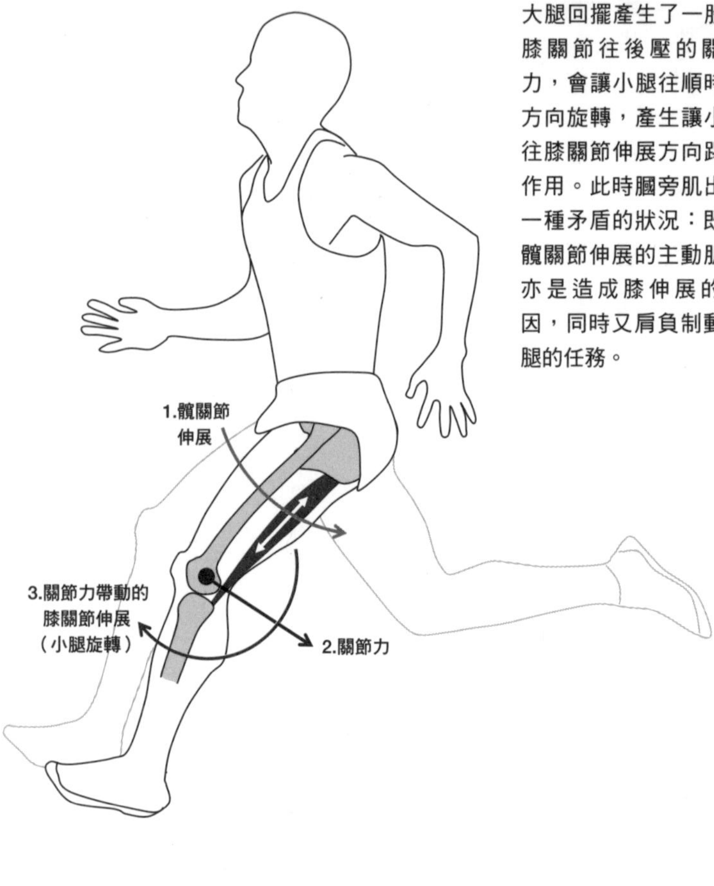

大腿回擺產生了一股把膝關節往後壓的關節力，會讓小腿往順時鐘方向旋轉，產生讓小腿往膝關節伸展方向踢的作用。此時膕旁肌出現一種矛盾的狀況：既是髖關節伸展的主動肌，亦是造成膝伸展的原因，同時又肩負制動小腿的任務。

雖然動員膕旁肌讓下肢回擺，
但有可能「本身愈強勁地發揮作用，
愈會遭外力急遽拉伸」。

膕旁肌以取得預料中相應的關節位移並加以控制。

在我們的日常中也很常碰到肌肉在運動中所受到的外力超出預測，不敵外力而變成離心收縮之類的情況。在訓練時也很常看到這樣的情景：刻意增加負荷或限制自發性的出力，藉此誘發離心式的肌肉收縮。然而，在快速操作下肢的情境中所要求的動作，有可能引發特殊的狀況吧？我認為這種控制上的混亂便是膕旁肌拉傷的最大特徵及原因。

若提高快跑的速度，關節力的影響會變得愈大，也有可能頻繁發生難以控制的狀況。

著地期的機制

即便是在站立期中，膕旁肌的張力仍然會急遽增加，我認為這點和關節力大有關係。根據前一節所提到飯干等人的研究，膝關節在站立期中大幅屈曲是危險因子之一。

筆者提出了這樣的假說：在站立期試圖積極推進而進行髖關節伸展時，髖關節的伸展力矩會產生一股把膝關節往後壓的關節力（圖2）。在承受巨大負荷的閉鎖式動力鍊運動中，這股關節力具有拉起前傾小腿的作用。我判斷此動作伸展了膝關節，對膕旁肌產生急遽的張力增加。

我綜合幾份報告後發現，在短跑的著地期中，似乎看不到膕旁肌的肌腱全長增加的情況。大部分的膕旁肌都跨越髖關節與膝關節兩方，但是膝關節周遭的力臂相對來說比髖關節周遭還要大，因此即便髖關節正在伸展，只要膝蓋急遽伸展，膕旁肌的張力增加就會變大，那麼發生肌腱伸展但從肌腱全長看不出變化也就不足為奇了。

非支撐腳的回擺也是一樣，緊繃中帶點餘裕的肌肉受關節力的影響而從小腿的旋轉↓膝伸展，結果肌肉急遽地猛力拉長，這樣的狀況應該會比單純張力大的狀況更容易發生斷裂。此外，關於在跳遠的起跳中發生的肌肉拉傷，我推測其背後的機制和短跑中的著地期是一樣的。

圖2　高速快跑中的著地期，髖關節伸展與關節力帶動的膝伸展

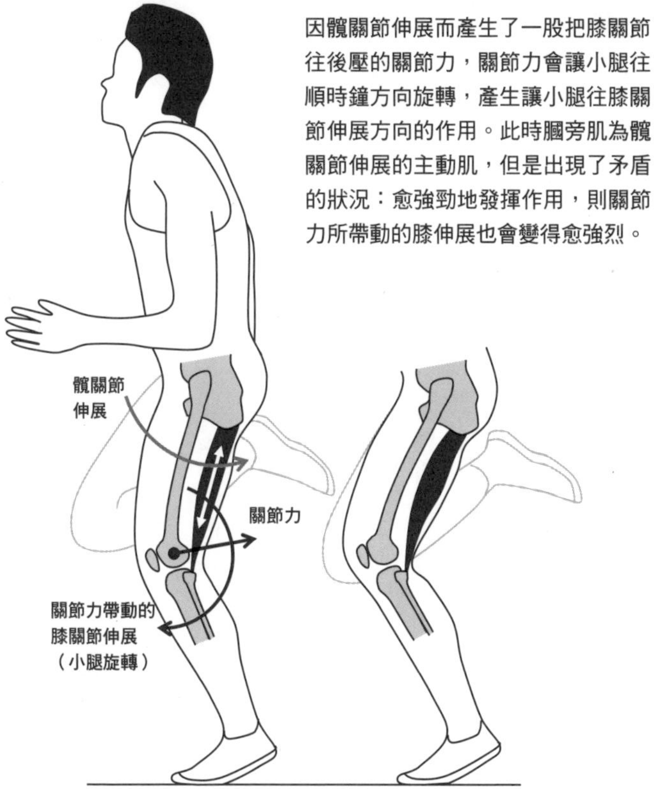

因髖關節伸展而產生了一股把膝關節往後壓的關節力，關節力會讓小腿往順時鐘方向旋轉，產生讓小腿往膝關節伸展方向的作用。此時膕旁肌為髖關節伸展的主動肌，但是出現了矛盾的狀況：愈強勁地發揮作用，則關節力所帶動的膝伸展也會變得愈強烈。

緊繃中帶點餘裕的肌肉受關節力的影響
而從小腿的旋轉→膝伸展，
結果肌肉急遽地猛力拉長，
這樣的狀況應該會比
單純張力大的狀況更容易發生斷裂。

我的肌肉拉傷經驗

筆者曾在坡度約3％（約1・7度）的爬坡上跑步時，拉傷膕旁肌而受了傷。當時是腳著地後正要將重心移至支撐腳，結果出現一種「噗嘰」的感覺。地面也有些微不平整，踏出那一步時，感覺腳的重量落了空（未能在轉移重心的時間點成功轉移），膝關節還往後頂。幸好僅止於肌間的損傷，十天左右症狀便消失了。

另一次經驗則是發生在起跑衝刺中，腓腸肌的肌腱接合處受到莫大的損傷。這個部位拖了很久才復原，花了三個多月才能正常跑步。起跑衝刺的第二步是正要承載體重並藉著髖關節的動作來推進的時候，膝蓋就是在那個瞬間拉伸開來（往後頂）。如今回想起來，不是傷在阿基里斯腱實屬萬幸。

Chapter 5

關於足部

關於足部 其1

—足部的構造與作用—

Foot與Leg

我們的日常生活中很常聽到「腳」與「足」，這兩個字代表什麼部位呢？說到「那個人腳很長」時，很少有人會想成Foot吧？如果這個例子指的是Leg而非Foot，那麼本來應該說「腿很長」才對，但在平常閱讀的文章裡，大多沒有嚴格區分。

我用《実用日本語表現辞典》查了「腳很長」這個用法，出現的說明為「腿部比一般人還要長。大多時候被視為身體之美的要素」。當然，在這種情況下，「腳」是指「腿（Leg）」。貓狗或是牛馬這類四腳獸的Foot大多都很長，但如果是指人類，很少會講「那個人的腳（Foot）很長喔」。這樣的案例與狀況應該不多吧。

以解剖學來說，腳與腿應該區分開來記述，但實際情況好像未必如此。關於Foot，只要刻意用「足部」或「足」來表現即可避免誤解。同樣的，也很常看到「手」與「手腕」之類的字用法模稜兩可，請大家也藉此機會確認一下。

言歸正傳，本節將再次以腳（Foot）為題來探討。腳是支撐人類雙足步行的基底面，即與大地接觸的部位。人類的腳有什麼樣的特徵呢？一般認為，相較於其他哺乳類，我們人類的腳歷經了特有的進化過程。

岡田（1983）指出，動物的型態因其locomotion（移動運動）而受到很大的侷限，而人類也不例外，脊柱、骨盆與下肢的型態皆顯示出與bipedalism（雙足步行）相對應的特殊演化。究竟是哪裡特殊呢？

人類的腳與動物的腳

一般認為人類的足部跟骨較大、蹠骨結實，與地面的接觸面積相對較大，在動物中實屬特殊。的確，狗與馬的跟骨較細，蹠骨也呈細長狀，與地面接觸的只有「腳趾（足趾）」的部分。兔子與松鼠等囓齒目的腳與地面的接觸面積大，但是屬於細長型的腳。

人類的腳如此特殊，但是據說竟然與象腳極其相似。從人類學研究者所寫的論文中得知這個事實時，筆者自己也大吃一驚。這種類似之處的背後，想必在功能性的需求上有其共通點，那麼，實情為何呢？

順帶一提，大家看過大象的背影嗎？為了承受龐大的負載，大象的後肢整體來說十分筆直，其背影就跟穿著肥大褲子的人類一模一樣（馬場，1999）。要討論大象的動作並非易事，所以讓我們聚焦在其日常上的需求吧。大象會以四隻腳支撐龐大的軀幹與頭部，人類則必須以雙腳來支撐全身——包括操作性能優異、在空間上得到解放的上肢在內。

圖1 動物物種之間的足部骨骼型態之比較（馬、人類、大象）

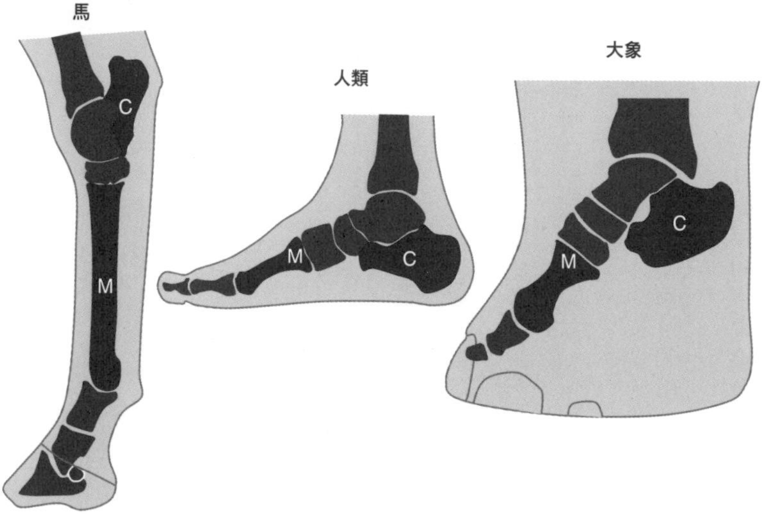

〈C：跟骨；M：蹠骨〉以示意圖來標示，位於軟組織的剪影中、顏色較深的部分即為骨骼。關於人類與大象的足部骨骼形狀，可從結實的跟骨與粗短的蹠骨等特徵中看出類似之處。

人類的腳與地面的接觸面積相對較大，
一般認為在動物中實屬特殊，
但據說竟然與象腳極其相似。

這裡讓我們再次尋思，人類與大象對足部的需求有何共通點呢？由此可知，是兩者皆須承受日常中的龐大負載。

圖1由左至右分別為馬腳（後肢末端）、人類的腳與非洲象的腳（後肢末端）（礙於紙張篇幅，三者的比例各異）。在這張示意圖中，位於外觀剪影中、以較深顏色標示的部分即為足部骨骼的排列。以趾尖著地的馬來說，足部整體呈細長狀，尤其是相當於蹠骨的部位較長，是一目了然的特徵。此外，馬的跟骨略呈細長狀，並未直接接觸地面，為屈肌的肌腱提供了附著部位，發揮槓杆的作用。

相較於此，人類與大象的蹠骨與跟骨都較為粗短，足部的骨骼整體形狀極為相似。大象的腳跟部位有著極厚的結締組織作為緩衝（人類腳上也有，只是沒大象那麼大），使腳跟的位置變高。因此骨骼的排列呈傾斜狀，正如人類穿高跟鞋的狀態一般。

兩相比較便會知道，人類與大象的共通特徵果然在於碩大的跟骨與粗短又結實的蹠骨，且骨骼排列皆呈拱門狀，和馬有所不同。碩大的跟骨讓腳跟可以支撐負載並承受衝擊。可想而知，大象與人類在一般的站立姿勢中，甚至是在移動運動中，就連將負載傳遞至前足部的過道「蹠骨」都承受著相當龐大的負荷。

眾所周知，骨骼的拱狀排列本身便是能耐受龐大負載的構造。在人類足部中能承受較大負載的這種構造，在形態相似的靈長類中仍屬特殊。這項事實也讓人再次了解到直立雙足步行的影響有多大。

足部骨骼

讓我們一起更深入來看看人類的足部骨骼吧。

圖2是從腳背那側觀察足部的骨骼配置。足部是由小巧且形狀不規則的跗骨、對應每根腳趾且佔了腳背廣大範圍的蹠骨，以及趾骨所組成。跗骨一共有七塊骨骼，近端（腳跟側）為距骨與跟骨，中間為足舟骨與骰骨，遠端（腳趾側）則有內側、中間與外側三塊楔骨並排。這些骨骼在活體中是透過韌帶彼此結合，依其相接方式又分為可動性大的部位與可動性小的部位。

跟骨形成了腳跟的隆起，如前所述，這是以雙足步行的人類特有的構造，既大又結實。距骨與小腿的脛骨直接相接，形成脛距關節（踝關節），有很多複雜的

圖2　足部骨骼

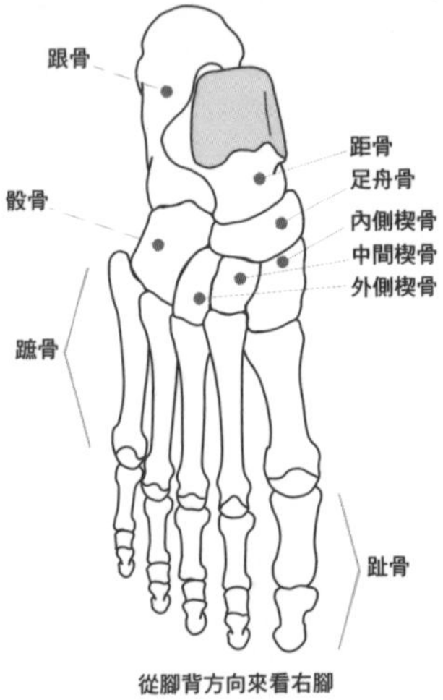

由無數小塊骨骼互相組合而成。

圖3　足部骨骼的連結

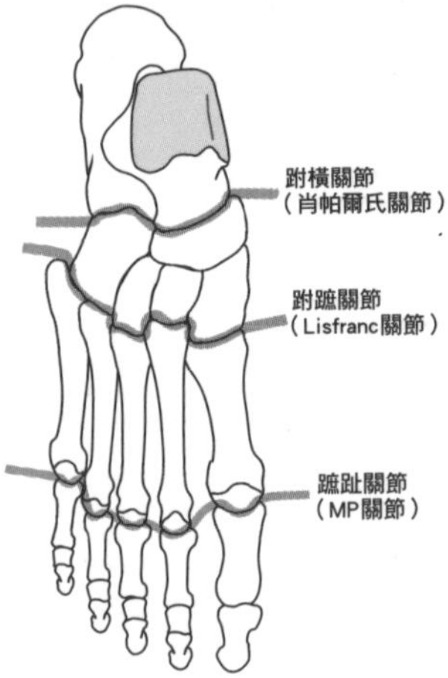

劃分骨骼排列的邊界也各有名稱。

圖4　足部的縱弓

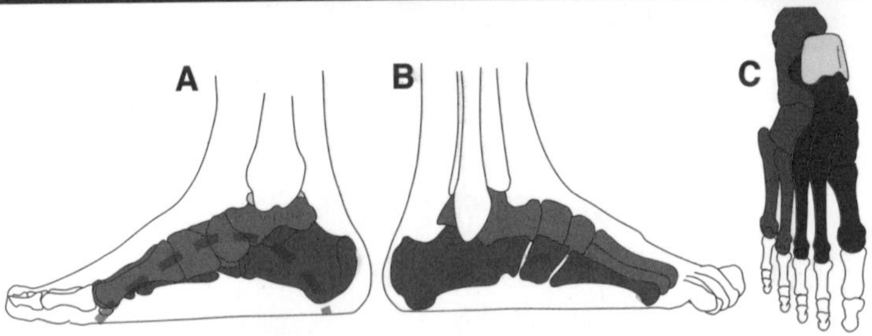

A：內側縱弓（從內側第一至第三蹠骨→楔骨→足舟骨→距骨）

B：外側縱弓（從第四至第五蹠骨→骰骨→跟骨）

C：從腳背那側觀看的縱弓骨骼排列

關節面，與跟骨、足舟骨分別形成了距跟關節、距舟關節。大家可能會感到意外的是，這塊距骨上沒有肌肉附著。圖中雖未顯示，但被視為腳趾屈肌腱一部分的種子骨也含括在足部骨骼之中。

將跗骨劃分為遠端與近端的距舟關節和跟骰關節合稱為跗橫關節（肖帕爾氏關節）。遠端的排列則由位於更遠端的蹠骨形成跗蹠關節（Lisfranc關節）。蹠骨（Metatarsal bone）與趾骨（Phalangeal bone）之間的關節，則分別取其英文字首，稱為MP關節（Metatarsophalangeal Joint）（圖3）。

弓形構造

足部有個從腳趾經過蹠骨抵達跗骨的縱弓構造。這種弓形構造含括內側弓與外側弓，面對負載時，會保護足部構

弓形構造含括內側弓與外側弓，
面對負載時，會保護足部構造與內部組織，
吸收因變形造成的衝擊或失衡，
甚至有在移動運動中
提升踢地力等等的作用。

造與內部組織，吸收因變形造成的衝擊或失衡，在移動運動中會發揮如板片彈簧般的作用，還具有彈性地積存能量、提升踢地力等作用（圖4）。

內側縱弓是從內側的三塊腳趾經過蹠骨與楔骨，一直到足舟骨與距骨，形成所謂的「足弓」，是推進力道或著地時產生之負荷的主要通道。為此配置了強韌又粗大的蹠骨，但也是疲勞骨折等疾患的好發部位。同樣的，足舟骨夾在楔骨與距骨之間，承受著龐大的負荷，也是眾所周知容易出毛病且難以治癒的部位。

外側縱弓的高度不但比內側低，承接外側兩塊腳趾的蹠骨則與骰骨形成關節，未經距骨直接與跟骨相接。

橫弓則是方向與縱弓垂直相交（額狀面內）的弓形構造，是由骰骨、楔骨與蹠骨所形成。頂點位於中間楔骨處。橫弓的維持仰賴跗骨與蹠骨上的韌帶發揮作用，同時還有橫向穿過足弓的外展拇肌與腓骨長肌參與其中。

關於含足弓在內的足部靜態穩定結構、動態穩定結構以及肌肉的作用，將於下一節繼續逐一論述。

關於足部 其2
─靜態支撐結構─

足部的縱弓構造含括了內側縱弓（從第一至第三蹠骨→楔骨→足舟骨→距骨→跟骨）與外側縱弓（從第四至第五蹠骨→骰骨→跟骨），面對負載時，會保護足部構造與內部組織，吸收因變形造成的衝擊或失衡，具有彈性地積存能量、提升踢地力等等的作用──這些前一節已經提過了。因此本節將針對足部的靜態穩定結構來探討。

足弓的靜態支撐結構

足弓中的骨骼排列本身就像是石拱橋般，是維持弓形構造的基礎（圖1）。以前曾經很熱切議論過肌肉活動是否涉及這種弓形構造的靜態維持。有無數研究者對此議論紛紛，但根據Basmajian（1985）的彙整，以正常足部來說，在靜態的維持上弓形構造本身以及其連結的韌帶會同時發揮主要的作用，不見得需要肌肉的作用。然而一般認為，在承受龐大負荷的狀態或需要微調平衡之類時，肌肉也會參與其中從旁輔助。

韌帶是與骨骼排列構造同等重要的靜態支撐結構，而於內側縱弓的頂點處支撐著足部的是蹠側跟舟韌帶（彈簧韌帶）。這條韌帶強韌地連接起跟骨的載距突與足舟骨的下面。這條彈簧韌帶位於搭在跟骨之上的距骨中，比載距突更往前方突出，從下方支撐著連接足舟骨與幾塊軟骨的距骨頭。載距突與足舟骨之間沒有骨性的連結，而距骨頭就搭載於這條韌帶上。

足底短韌帶（蹠側跟骰韌帶）和彈簧韌帶一樣，於外側縱弓的頂點處結合，

圖1　人類足部骨骼與石拱橋之比較

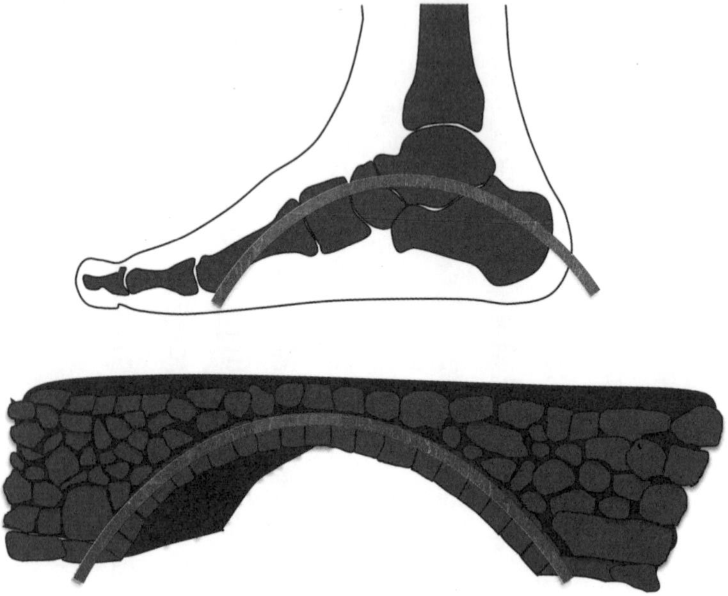

骨骼的排列本身在足部構造的靜態支撐中也發揮著重要的功能。此構造又由韌帶與其他支撐結構加以補強。

足弓中的骨骼排列
本身就像是石拱橋般，
是維持弓形構造的基礎。

連接跟骨與骰骨的下面，是一條極為強韌的韌帶。足底短韌帶的淺層處有條足底最長的韌帶「足底長韌帶」，於深層處連結跟骨與骰骨，於淺層處則是連接跟骨與蹠骨，在維持外側縱弓上發揮著重要的作用（圖2）。

於最表層連結起跟骨與蹠骨頭的這片結實結締組織稱為足底筋膜（圖2）。腳趾那側會隨著腳趾背屈而拉扯附著部位，以結果來說，這個動作會拉抬縱弓。此結構稱為絞盤機制（圖3）。一般推測，在步行或跑步的push off狀態中，足弓因為這種機制而變強，足部的彈簧便會被有效活用在推進上。

當腳趾呈屈曲姿勢或是在放鬆的狀態下，足底筋膜會鬆弛，沒辦法清楚摸到它，不過張力會隨著腳趾的背屈而增加，因此從足底的腳跟部位前端（跟骨隆突的遠端邊緣）附近開始，便可明確摸到在足弓中央處逐漸緊繃的筋膜。

跑者的足底筋膜有時會發生慢性發炎，不過在這類足底筋膜炎的案例中，因其構造使然，每個案例主訴的症狀百百種，有的人是足弓感到疼痛，有的則是腳跟疼痛。這種疾患若疏於適切的治療，很容易演變成慢性病，目前已知使用毛巾等讓腳趾背屈進行拉伸，或是進行所謂的踏竹板，這類拉伸動作都能發揮不錯的效果。

圖2　足部縱弓的靜態支撐結構（韌帶）

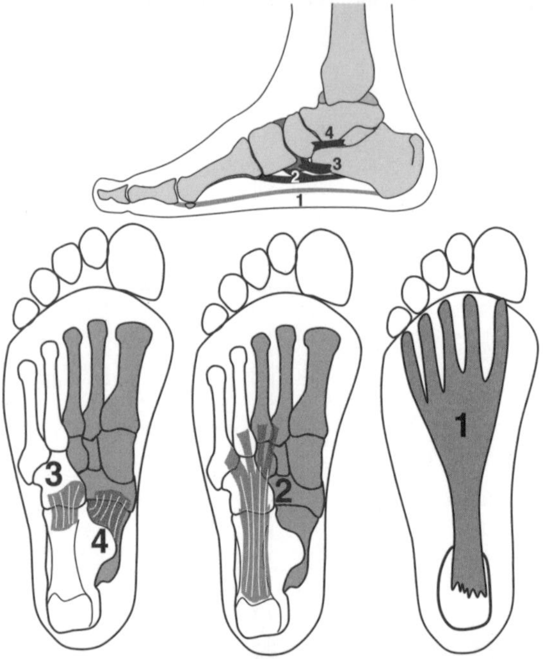

1）足底筋膜
2）足底長韌帶
3）足底短韌帶
（蹠側跟骰韌帶）
4）彈簧韌帶
（蹠側跟舟韌帶）

彈簧韌帶的走向是從後外側往前內側，可以想見能有效限制前足部旋後。

圖3　足部絞盤（往上捲起）機制的示意圖

足底筋膜是從腳趾連接至跟骨的膜狀構造。透過腳趾的伸展往上捲起足底筋膜，會讓足部的縱弓變高。

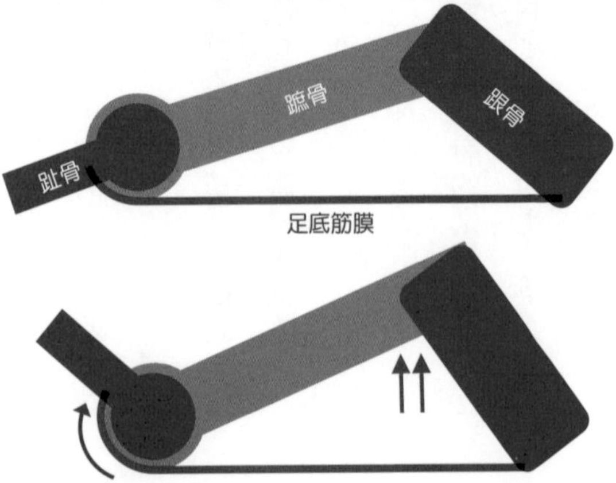

足弓的平坦化

足弓變低時所引發的問題大多為內側的問題。如前所述，距骨頭位於內側縱弓的頂點處，來自其足底側的支撐只有彈簧韌帶，並無骨頭的支撐。筆者得知此事之初也深感驚訝。實際上，我曾遇過一個足部旋前而足弓明顯變低的案例，仔細觀察其足部發現，距骨頭跑出這條韌帶的支撐而變得搖搖欲墜。在這樣的案例中，有不少主訴症狀是彈簧韌帶有明顯的壓痛，總覺得就構造上來說，內側縱弓會發生問題是必然的。

另一方面，外側足弓本來就比內側還低，幾乎沒看過這裡塌陷的案例，這點以構造來說也是可以理解的。然而必須注意的是，雖然骰骨的疲勞骨折極其罕見，但外側蹠骨發生疲勞骨折的案例卻屢見不鮮。即便是為足弓塌陷所苦的人的腳，試圖拉伸縱弓構造施加外力時，要以肉眼確認足弓伸長的模樣應該不是件容易的事。請各位讀者務必測試看看。足弓的靜態支撐結構就是如此堅固。

然而，令人意外的是，一旦對足部施加扭轉的負荷，就能輕易造成足弓變低。請固定後足部，試著讓前足部旋後。肉眼即可看出縱弓變平坦了。這樣的狀況實際上會發生在支撐中且後足部旋前的情況下。後足部若在旋前姿勢下承受負載，光是這樣就會讓距骨幾乎從跟骨往內側崩塌，而前足部也會呈旋後姿勢，導致足弓變得平坦。

根據Arangio等人（2000）運用三次元力學模型來進行計算的研究，在距下關節位於中立位的狀態下，施加約70 kg重的負載，並讓後足部旋前5°，前足部便會呈旋後姿勢，對第一蹠骨的負荷則變大了。此時，拉伸內側足弓頂點處的距骨頭與足舟骨之間的關節的力矩增加了47%，而拉伸足舟骨與內側楔骨之間的關節的力矩則增加了58%。

像這樣讓跟骨往內側倒，或是距骨頭、足舟骨逐漸往內側塌陷，是後足部旋前最具代表性的狀態，以結果來說，此舉讓內側的縱弓伸展而變得平坦，對內側的支撐結構強加了莫大的負擔。

順帶一提，在同一項實驗中，讓後足部旋後5°的情況中，拉伸跟骨與骰骨之間的關節的力矩增加了55%。

也就是說，旋後反而會加大外側縱弓的負擔。仔細觀察彈簧韌帶的纖維走向，看得出來是從後方外側往前方內側、往能限制前足部旋後的方向延伸。假設靜態支撐結構之核心的韌帶是依目的性配置而成，那麼便可得知在內側縱弓的維持中，對前足部旋後的控制果然十分重要。

以筆者的經驗來說，實際上，沿著彈簧韌帶的走向貼上運動貼布（圖4），強制前足部旋前，可以有效率地限制縱弓平坦化。考慮到關節的運動，並基於功能面的考量，筆者都會在競賽選手的腳上貼上限制前足部旋後的貼布，結果某天察覺到貼布的方向和彈簧韌帶的走向竟完全一致，驚訝得說不出話來。

話說回來，若稍微換個角度，從確保與地面的接觸面積或是推進的作用端這樣的觀點來看，足弓在旋前姿勢中會變平坦的這種足部關節的特性，在「應對著地位置的少許錯位」、「在轉彎處、不平整的地面或是斜坡上移動時」、「快速剎車或有效率

足弓的靜態支撐結構相當堅固，
但令人意外的是，
一旦對足部施加扭轉的負荷，
就能輕易造成足弓變低。

圖4　限制前足部旋後的運動貼布

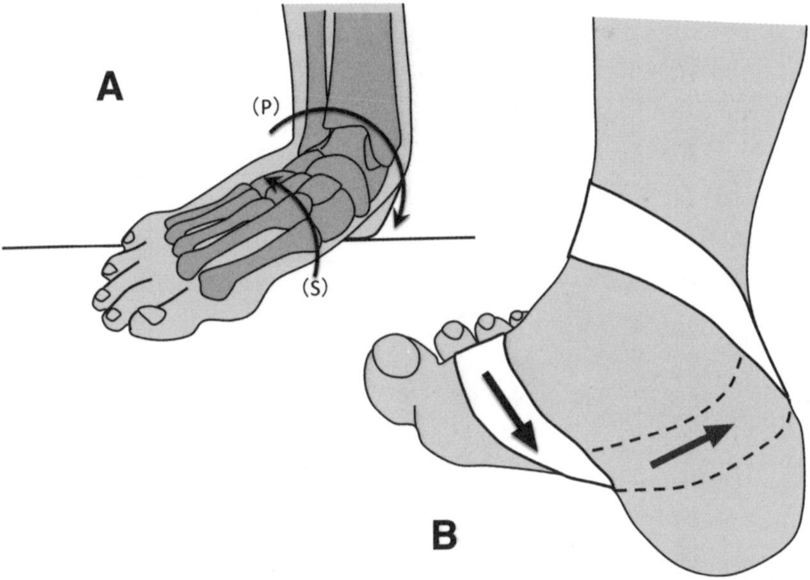

後足部的旋前（P）會帶動前足部的旋後（S），使足弓變得平坦（A）。限制前足部旋後的運動貼布（B）會限制縱弓的平坦化。通過內側足弓下面的貼布走向，和彈簧韌帶的走向很類似。

地變換方向或往側邊推進」等情況下，都是十分重要的功能。

各位不妨也試著從這樣的視角來觀察足部。

關於足部 其3
—動態支撐結構—

肌肉是動態支撐結構的主角

炎炎夏日在運動場上站了一天後，讓腳從鞋襪與負載（超過110kg！）中解放的那一瞬間，我會打從心底對自己的腳感到過意不去，同時又懷抱著深深的敬意。因為雙腳光是維持站姿就負擔重大，實際上，足部作為身體與地面的介面，必須承受跑跳與著地等動作所伴隨而來的負荷，毫不留情地反覆變形。

關於在嚴苛環境下承受龐大負荷的腳，到目前為止已經以骨骼與韌帶所代表的靜態構造與支撐結構為主題做了論述。本節將針對動態支撐結構來探討。

所謂的動態支撐結構，主要是指肌肉。肌肉肩負著重要的任務，會在神經系統的控制下發揮張力，讓剛性與黏彈性產生變化，使出力更容易傳遞至地面，或是反過來幫助來自地面的力量安全且有效率地傳入身體，抑制足部過度變形以保護足部等等。

相較於骨骼與韌帶這類的靜態支撐結構，肌肉的可訓練性較高，無論是形態上或功能上，都能透過意識與訓練積極地大幅改變其形態。就這層意義來說，在思考訓練方案時，應該要事先詳細了解這個部位。

首先，讓我們針對構造來思考吧。

足部的動態支撐結構 —內在肌與外在肌—

在足部發揮作用的肌群可以分成兩類，分別為起始於足部且終止於足部的「內在肌（intrinsic muscle）」，以及起始於小腿並延伸至足部的「外在肌（extrinsic muscle）」。內在肌大多涉及張開、閉合腳趾等腳趾的細微控制，相對的，構成外在肌的肌肉則是肌力大，且會作用於腳趾的強勁屈曲與伸展，或是踝關節的外翻與內翻（圖1：足部相關肌群的示意圖）。

■足部的內在肌

試著觀察足部的解剖圖，很明顯地內在肌與腳趾的控制有關。起始於足部的腳趾屈肌・伸肌、骨間肌、腳趾的內收肌・外展肌皆符合此類。這些肌肉在足部都有肌腹，因此在足底所感受到的疲勞感，可說是起因於這些內在肌的疲勞。最表層的內在肌有足背（腳背）的伸趾短肌及足底的屈趾短肌。

更表層且起始於足部側面的肌群，則有外展拇肌與外展小趾肌（圖2：足部的內在肌）。連接橫弓的內在肌則有內收拇肌。另有左右橫截足底的橫頭（圖3）及連接拇趾與外側蹠骨基部的斜頭。

■足部的外在肌

外在肌指的是於足部、腳趾發揮作用的肌肉中，起始於小腿的肌肉。特徵在於小腿上有肌腹，比較長的停止腱跨越了踝關節。具備這樣的構造，即可在減少下肢末端（足部）重量的狀態下，發揮強勁的肌力。

肌腹大多配置於小腿近端，確保下肢「愈末端愈細」的構造，也有利於跑步

圖1 足部相關肌群的示意圖

TP：脛骨後肌・腓骨肌肌群
ExtL：伸趾長肌・伸拇長肌
ExtB：伸趾短肌etc.
FlxL：屈趾長肌・屈拇長肌etc.
FlxB：屈趾短肌・屈拇長肌
DIO：背側骨間肌
PIO：蹠側骨間肌
QP：蹠方肌

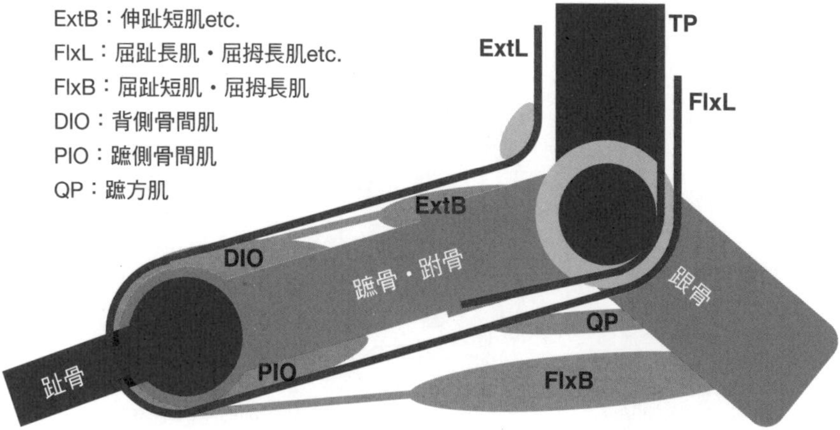

趾骨的分節、跗骨、附著部位或停止腱的構造皆加以簡化，以示意圖來標示整體足部。作用於足部與腳趾的肌肉可分為起始於足部且終止於足部的內在肌，以及起始於小腿並延伸至足部的外在肌。兩者共同發揮作用，既可使出較大的力量，還可進行腳趾與足部的複雜控制。

在足部發揮作用的肌群
可分為起始於足部且終止於
足部的「內在肌」，以及起始於小腿
並延伸至足部的「外在肌」。

圖2　足部的內在肌群

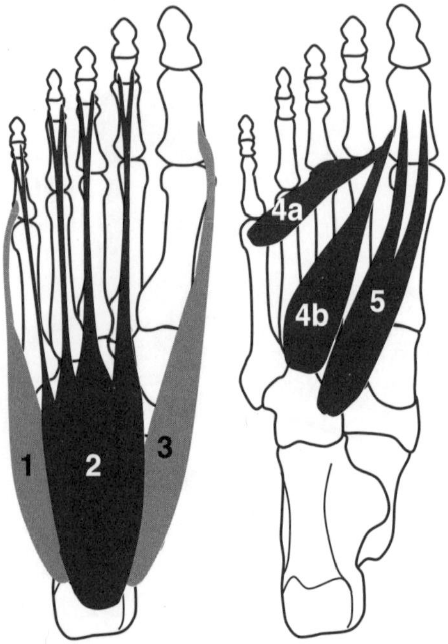

從足底觀察右足的圖。這些肌群主要涉及腳趾位置的控制等細部的調節。這裡僅標示出腳趾的內收、外展肌群與屈肌群。可以想見，足底的疲勞即起因於這裡所標示的、較具代表性的足部內在肌。

1：外展小趾肌
2：屈小趾肌
3：外展拇肌
4a：內收拇肌橫頭
4b：內收拇肌斜頭
5：屈拇短肌

圖3　內收拇肌橫頭的示意圖

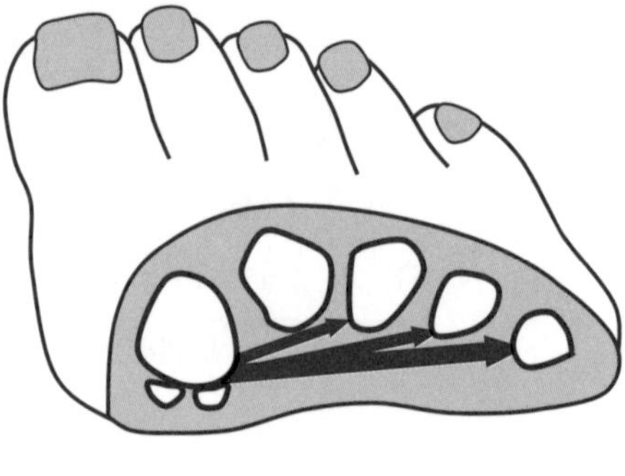

內收拇肌橫截了足底的深部，參與拇指的內收與橫弓的動態維持。

製圖參考了《カパンディ関節の生理学II下肢》（暫譯：關節生理學II下肢）原著第5版，Kapandji, I.A.著，萩島秀男與嶋田智明合譯（1993），醫齒藥出版。

中較具代表性的下肢快速往返運動與操作。

這些肌群是用以控制腳趾強勁的屈曲、伸展，以及踝關節的動作，同時維持足部的穩定。此外這些肌群也跨越了踝關節，所以會分別對踝關節發揮作用。至於這些作用，則會隨著與踝關節運動軸的位置關係而變化（圖4：肌腱與運動軸的關係示意圖）。

■腳趾的伸肌

伸趾長肌：起始於脛骨前肌的外側、脛骨外側髁、腓骨小頭、腓骨近端部位、小腿筋膜及骨間膜，擁有很長的肌腱，通過伸肌支持帶下方，分岔為細長肌腱後，通往拇趾以外的四趾，分別終止於趾背腱膜。背屈第二至五趾的同時，也會對踝關節發揮背屈與旋前的作用。

伸拇長肌：起始於小腿前面、骨間膜與腓骨。長長的停止腱在踝關節的前面是位於脛骨前肌肌腱的外側與伸趾長肌肌腱之間，從體表也能觀察得一清二楚。找出踝關節前面最大的脛骨前肌肌腱，只要在觸摸其外側時伸展、屈曲拇趾，應該很容易找到。其停止腱延伸至拇趾的遠節趾骨，因此背屈拇趾的同時，也會作用於踝關節背屈。

■從小腿後面深層延伸至足底的肌群

在小腿的比目魚肌更深層處有三條肌腹，是延伸至足底或腳趾的三條肌群之起始點。

最內側有條屈趾長肌，起始於脛骨後面並延伸至拇趾以外的腳趾。屈趾長肌為腳趾的外在性屈肌，與屈趾短肌或骨間肌等合力作用於腳趾的屈曲。從脛骨（小腿）內側緣的中央往膝蓋處摸，同時屈伸腳趾，應該就能感受到這條肌肉的肌腹動作。屈趾長肌的肌腱上附著著一條出自跟骨的蹠方肌（圖1）。這條肌肉會將斜向的屈趾長肌肌腱往腳的長軸方向筆直牽引，藉此發揮輔助作用，幫助腳趾屈曲。

小腿後面中央有條脛骨後肌，剛好與脛骨前肌夾住脛骨・小腿骨間膜，呈對稱配置。這條肌肉於小腿遠端1／3處與屈趾長肌交錯般出現在皮下後，走向如從內踝後部捲起下方部位般，未延伸至腳趾，而是擴展並停止於足弓的頂點附近。這樣

圖4 關節的運動軸與肌群的作用

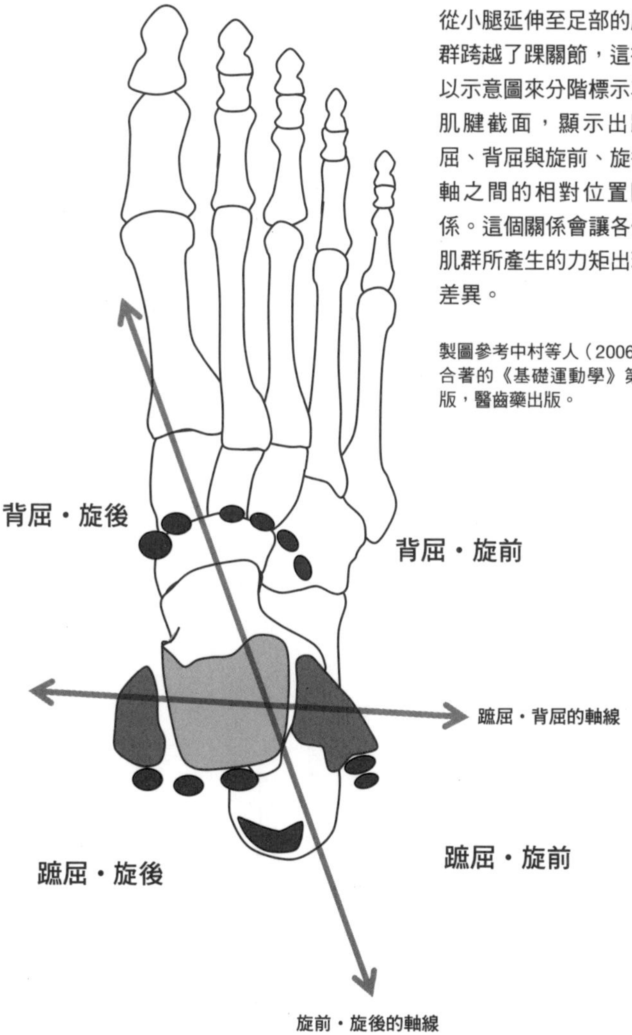

從小腿延伸至足部的肌群跨越了踝關節，這裡以示意圖來分階標示其肌腱截面，顯示出蹠屈、背屈與旋前、旋後軸之間的相對位置關係。這個關係會讓各個肌群所產生的力矩出現差異。

製圖參考中村等人（2006）合著的《基礎運動學》第6版，醫齒藥出版。

的構造在足部縱弓的動態維持上發揮著重要的作用。

三條肌肉中，起始於最外側的便是屈拇長肌，起始於小腿骨間膜與腓骨。屈拇長肌通過內踝與外踝的中央後，終於超過屈趾長肌的肌腱，從最內側進入足底，抵達拇趾的遠節趾骨底側。這條肌肉便是作為足部拇趾屈曲的主動肌來發揮作用。

■腓骨肌群

腓骨短肌起始於遠端的腓骨外側面，與腓骨長肌並行，於外踝處改變方向後，遇上第五蹠骨的基部，終止於皮下摸得到的隆起，即第五蹠骨粗隆。

腓骨長肌起始於腓骨頭、腓骨上部的外側面與脛骨外側髁等，行經腓骨外側，抵達外踝後，便如滑輪般改變方向，從跟骨接往骰骨，繞進足底，斜向橫穿過足底，終止於最內側的第一蹠骨底部。

若是皮下組織較少的人，應該憑視覺便可確認「腓骨長・短肌的肌腱往外踝的足底靠近，並在跟骨上的皮下鄰接」的狀態，同時還能摸到在皮下相接的兩條肌腱。這兩條肌肉皆為強而有力的足部旋前肌，也兼具蹠屈的作用。這條肌群有助於確保踝關節的橫向平衡（單邊穩定性），同時會對拇趾球施加重量，在蹠屈動作中也發揮強勁的作用。

下一節我想針對「與足部單邊穩定性密切相關的腓骨肌與脛骨後肌之作用」來探討。

關於足部 其4

—足部訓練的啟發—

學生的單純疑問

最近有位專攻十項競技的學生因為阿基里斯腱周遭疼痛不已而來找我諮商。其患側連在維持立姿時也有旋前的傾向，於是我嘗試進一步探究原因，請他分別以健側與患側採取單腳站立姿勢來確認平衡的狀況，結果只要稍一鬆懈，內側就會失去支撐而往足弓方向失去平衡。

順帶一提，足部的旋前會引發阿基里斯腱周遭的問題，到目前為止也有報告佐證，故而廣為人知（Clement et al., 1984）。

試著一邊想著小腿深部的肌群一邊觸摸，隔著腓骨後面的屈拇長肌肌腹與小腿骨間膜，位於脛骨前肌後面的脛骨後肌的肌腹（利用雙手手指，與脛骨前肌的肌腹一起朝骨間膜的方向夾住，這樣摸會比較清楚）非常僵硬，處於光是輕輕施壓都會讓人皺起眉頭的狀態。學生本人表示，他的足弓偏低，似乎增加了對動態支撐相關肌群的負擔。

這時學生提出了一個單純的疑問：「您知道有哪些訓練可以提高足弓嗎？」為了回覆這樣的疑問，不妨讓我們探討一下與足部的單邊穩定性關係密切的肌肉。與足弓相關的骨骼排列，也受到韌帶等靜態支撐結構很大的影響，不過要訓練韌帶使其變粗似乎比較耗費時間，而且應該很難實際感受到效果。這麼一來，在可塑性較大的「肌肉」上下工夫，就成了回應這種需求之首選。

肌肉只要透過訓練便可以期待肌肉量上的變化，以及隨之而生的功能性或控制上的大幅變化。最重要的是，（一般來說）「能夠隨意控制」雖然是理所當然的事，但是在積極訓練時卻是相當關鍵的特性。這裡我將討論脛骨後肌與腓骨肌群，這兩個都是與足部橫向平衡（單邊穩定性）密切相關的大肌肉，還具備將足部往小腿拉抬的作用，接下來會以此為主題，試著找出訓練的啟發。

脛骨後肌與腓骨長肌的位置關係

首先來確認一下足部這兩條肌肉的位置關係吧。

圖1是從足底看過去，標示出脛骨後肌與腓骨長肌的肌腱走向（雖然腓骨肌群也含括了終止於第五蹠骨的腓骨短肌，但這裡特別著眼於橫穿過足底的腓骨長肌）。這些肌肉皆屬於從小腿延伸至足部的「外在肌」。大家應該可以從中了解其配置：脛骨後肌繞過內踝延伸至足底，腓骨長肌則是繞過外踝，兩條肌肉於足底彼此交疊。

請試著想像一下，足部藉由這兩條肌肉在中立位均衡懸掛的模樣。當這種平衡崩潰時，應該不難想像會對每一條肌肉加諸什麼樣的負擔吧？

圖1　脛骨後肌與腓骨長肌（從足底觀看右足）

1）脛骨後肌
2）腓骨長肌
這些肌肉的停止腱延伸至足底，並像包覆足底般交錯。在足部的橫向平衡上發揮著重要的作用。

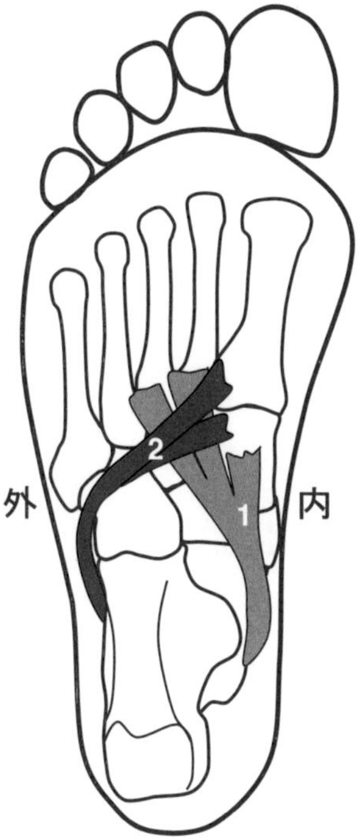

不妨試著想像一下，
足部藉由脛骨後肌與腓骨長肌
這兩條肌肉在中立位均衡懸掛的模樣。
當這種平衡崩潰時，
應該不難想像會對每一條肌肉
加諸什麼樣的負擔。

脛骨後肌的整體樣貌

如前所述，脛骨後肌的肌腹位於小腿後面中央，剛好與脛骨前肌夾著脛骨、小腿骨間膜。這條肌肉在小腿遠端1／3處出現在皮膚正下方，走向如從內踝後部捲起下方部位般，未延伸至腳趾，而是終止於足弓的頂點附近，從蹠骨的基部擴展至跗骨。只要像旋轉腳尖般轉動踝關節，可以在內踝後部看到的肌腱突起，便是脛骨後肌。

從脛骨後肌的走向亦可清楚看出，其具備在蹠屈足部的同時進行內翻的作用。一般認為這條肌肉還具備這樣的功能：在用力推進或承受強烈衝擊時，將容易集中於拇趾球的負荷往外側分散（圖2A），還能抑制與足部相接的小腿甚至是大腿的內旋。在不平整或傾斜的地面上進行支撐或推進時，可想見脛骨後肌會發揮格外重要的作用。

由於脛骨後肌這種在足弓頂點附近直接拉抬內側縱弓的構造，跑者等會因為使用過度而引發問題，其中也有不少人會出現脛後肌腱炎。

圖2　脛骨後肌與腓骨長肌的張力及其效果

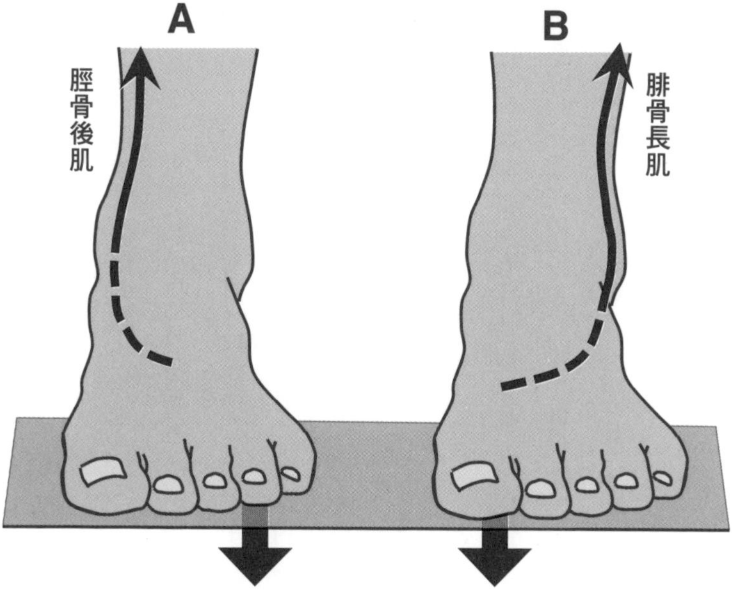

A：脛骨後肌會將前足部的負載往外側分散。

B：腓骨長肌會將前足部的負載集中於拇趾球側。

腓骨長肌的整體樣貌

腓骨長肌起始於腓骨外側，與腓骨短肌並行而走，於外踝處改變方向後，從跟骨接往骰骨後便繞進足底，斜向橫穿過足底，終止於最內側的第一蹠骨。這條肌肉從骰骨的下方支撐著骰骨。實際上，骰骨下方有個容納腓骨長肌腱的淺溝。

另一方面，腓骨短肌終止於第五蹠骨的基部。腓骨肌群為強勁的足部旋前肌，同時也具備蹠屈的作用。因此，一般認為這條肌肉在推進等動作中，會發揮作用讓負載集中於拇趾球上（圖2B）。至於在不平整地面或斜坡上的作用，應該和脛骨後肌有著一樣的要求。

尤其是腓骨肌群，在中心腱兩側有著羽狀的肌腹，是眾所周知的羽狀肌。這種羽狀構造的特徵在於每一條肌束都很短，但是生理橫截面積較大。這種構造不適合加快肌肉整體的收縮速度，但是在使出龐大張力來承受外力的狀況下，應該會發揮出其真正的價值。

來回切換動作與腓骨肌群

圖3以示意圖標示出橫跨步時來回切換動作的模樣。大幅往外踏出的腳，腳底雖然仍與地面保持接觸，但是小腿相對地大幅傾斜，因此有強勁的內翻壓力作用於足部。

腓骨肌群在這樣的狀況中會發揮重要的作用，防止足部過度內翻，並維持足部內側或拇趾球與地面的接觸。在偶爾急遽變換方向的動作中，腓骨肌腱有時會拉扯用以支撐的結締組織（支持帶），結果跑到外踝上，這稱為「腓骨肌腱脫位」，可說是在控訴腓骨肌遭受了龐大的負荷。此外，像投手的後腳般，讓小腿往前內側倒下並同時推進——可以想見腓骨肌在這樣的狀態下也會發揮強力的作用。

圖3　左右來回切換動作與踝關節的姿勢

小腿大幅往內側傾斜的狀態下，仍要確保足底與地面的接觸，背後的原因是為了追求旋後姿勢中的穩定性。想必支撐腳那側的腓骨肌群會在此時發揮強力的作用。

圖4　跳高的起跳動作

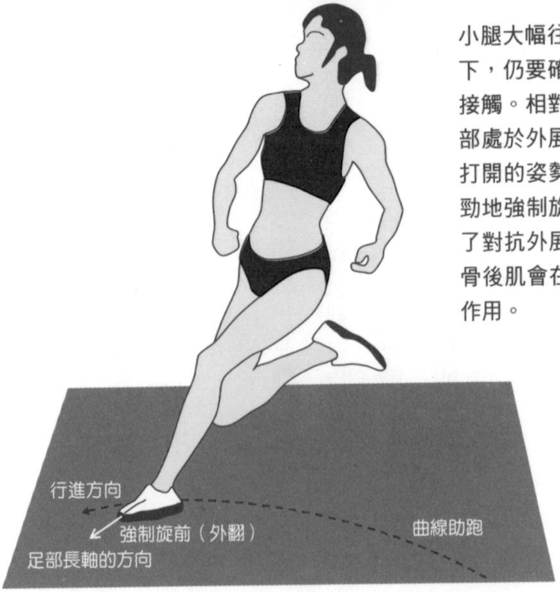

小腿大幅往外側傾斜的狀態下，仍要確保足底與地面的接觸。相對於行進方向，足部處於外展姿勢（腳尖朝外打開的姿勢），因此會更強勁地強制旋前（外翻）。為了對抗外展與旋前，想必脛骨後肌會在此時發揮強力的作用。

跳高的起跳與脛骨後肌

圖4以示意圖標示出跳高的起跳動作。實際進行跳高的起跳動作時，是以起跳腳作為曲線助跑時的內側支撐腳，因此會如圖所示般，小腿朝曲線內側傾斜，小腿與維持地面接觸的足部之間便產生了巨大的變形。在實際測量的案例中，也有報告指出僅30毫秒便造成了40°的旋前（Van Gheluwe et al., 2003）。

試著仔細觀察便會發現，相對於身體的行進方向，足部呈外展姿勢（腳尖朝外打開的姿勢），處於被強制外展與旋前（外翻）的狀況之中。因此，連接足部與小腿的內側支撐結構「三角韌帶」便成了跳高競賽選手的傷害好發部位。發揮作用來抑制這種變形的肌肉中，較具代表性的便是脛骨後肌。

若要預防韌帶損傷，首要之務是適當的助跑與起跳技術，不過「積極地訓練對抗旋前的脛骨後肌與脛骨前肌，逐漸提高動態支撐的能力」，也不失為重要的方案之一。

關於步行

如今已有各式各樣以雙足步行的機器人登場，但是十幾年前要讓機器人進行這種我們日常中習以為常的雙足步行簡直難如登天。的確，要在短時間內依賴極狹窄的基底面（足底），來回於穩定與不穩定（輕微的跌倒與回穩）之間，可以想像這樣的控制並不容易。

正因如此，我還記得在Honda的ASIMO登場時，我曾感慨道：「終於進化到這一步了嗎？」唯有一點讓我格外在意，那就是他（她？）的膝蓋一直維持著彎曲姿勢……。

雙足步行是特殊的？

以動物的移動模式來說，雙足移動應該稱得上是特殊的。在哺乳類中，部分猴子與袋鼠等是以雙足移動而聞名，但是就我所知，人類以外的哺乳類中，在日常中以雙足移動的動物並不多（鳥類則是因為前肢化為翅膀，所以在地面上主要是以雙足移動，無法以四足移動）。只有人類是下肢與軀幹都呈直立姿勢並以雙足移動的動物。

即便將目光轉移到哺乳類以外的生物，雙足步行仍舊不是一般的移動模式。筆者不曾看過兩棲類以雙足移動的模樣。青蛙或許差一點就符合。爬蟲類則一般都是以四足「爬行（Crawl）」。

雖然有點離題，不過曾有人觀察到部分蜥蜴類在陸上或水上（！）以雙足移動。多數人有點印象的例子應該是以雙足行走的褶傘蜥。其狂舞般的移動方式令人印象深刻，甚至在日本國內也曾引發一時的熱潮。

另一方面，棲息於中美洲的蜥蜴「雙脊冠蜥（Basilisk）」因為會在水上奔跑而為人所知。正確來說，牠們似乎是巧妙地利用了尾巴，是否可說成雙足移動還有待商榷。比較另類的是，竟有報告指出蟑螂是以雙足移動（Alexander, 2004）。

言歸正傳，我們再說回人類。

我們人類日常的移動運動是以雙足步行，至於人類為何會開始採用這種移動方式，人類學家之間至今已經有過各種激辯（岡田，1997）。在各式各樣的假說中，較具代表性的是聚焦於必須以前肢來運送獵物或小孩的「雙足搬運行動說」、著眼於回避地面輻射熱的「溫熱負荷說」等，而與這些同樣有說服力的說法是「能源效率說」。換言之，選擇能源效率高的移動模式，其結果就是雙足移動。

實際上，一般認為人類的雙足移動在能源效率上比四足移動高得多。有報告指出，在相同的移動速度下，人類的能源消耗量與猿猴類的四足移動相比只需60％以下，與一般四足獸相比也只需90％以下（Leonard and Robertson, 1997）。

一般認為，這種雙足步行的絕佳效率，背後與人類的解剖學特徵有很大的關係，像是著地面比四足獸還要廣的足部、能在完全伸展姿勢中加以固定的膝關節、直立的軀幹部位、具有較大可動範圍的髖關節、自由的上肢等。

曾有人以倒單擺模型來呈現人類的步行，從中亦可了解到，我們的雙足步行是透過巧妙地交互進行位能的積蓄與解放才得以成立。

步行中的關節運動與小腿肌活動

在思考一般步行的一個週期所用的時間時，站立期（支撐期：Stance Phase）與擺盪期（Swing Phase）分別佔了整體的約60％與40％。站立期中的開始與結束部分為雙腳支撐期（Double Support Phase），在一個週期的時間中各佔了約10％，合計約20％。如此一來，在站立期中夾在雙腳支撐期之間的單腳支撐期（Single Support Phase）為整體步行週期的約30％（圖1）。

如前所述，相較於穩定的站立姿勢，步行是讓站立狀態下放在足底範圍內的重心移動，一腳往外踢出，再以

雙足步行的絕佳效率，
背後與人類的解剖學特徵有很大的關係，
像是著地面較廣的足部、
能在完全伸展姿勢中加以固定的膝關節、
直立的軀幹部位、
具有較大可動範圍的髖關節、自由的上肢等。

另一隻腳收回來，說是不斷在輕微跌倒與回穩的狀態之間反覆應該也不為過。

膝關節能在人類特有的完全伸展姿勢中加以固定，以大幅減少支撐期的肌肉活動。實際上有報告指出，猴子的步行中伴隨著強勁的肌肉活動，相較之下人類步行時的肌肉活動較弱（岡田，1997）。這種效率極佳的動作是如何成立的呢？我想從肌肉的活動來觀察看看。在此將依序觀察從支撐腳（通常是跟部）著地的階段開始，直到離地為止的動作與小腿的肌肉活動。

從著地到重心移至支撐腳上

在這種狀態下關注踝關節，以腳尖抬起的狀態著地後，足部便迎來腳掌全面著地的狀態，即所謂的foot flat（腳掌著地）。站立期的足壓中心，其軌跡大多數情況下似乎是這樣的：用靠近腳跟外側著地後，經過足底稍外側，從後足部移至中足部，到了前足部便逐漸從內側釋出（江戶等人，2018）。足部著地時能控制得宜，想必「腳跟著地」在制動中發揮了重要的作用，還能在腳跟著地至foot flat的過程中吸收衝擊力或是控制速度。各位應該可以直覺地理解，在這樣的狀態下，脛骨前肌正積極地參與其中。

岡（1984）測量了實際的肌肉活動，從其提出的肌電圖可以得知，脛骨前肌在站立期的最終階段開始活動，整個擺盪期仍持續活動。換言之，脛骨前肌拉抬著離開地面的腳尖，同時往前踏出一步，接著便準備腳跟著地。從腳跟著地到腳掌全面著地為止的期間，踝關節會蹠屈，而脛骨前肌則隨之展現出伸展性的活動。

由此可知，此時脛骨前肌的活動不僅限於控制蹠屈並剎車，還發揮著輔助動作的作用，積極將全身重心逐漸移至接觸地面的足部上（圖2）。快步或是下坡步行會更加強調由脛骨前肌負責的制動作用，以至於運動的隔天肌肉痠痛。

關於Push Off

在站立期的前半，脛骨前肌的活動消失，由小腿肚的踝關節蹠屈肌群所取代，正是發生了所謂的「活動交替」。從這裡開始活動的腓腸肌從站立期的中間至後半階段展示出強勁的活動，在單腳支撐期的結束前後，活動會急遽減少或消失（岡，1984）。雖然無法摸得很詳細，但這時腓骨肌與腳趾的屈肌似乎正以類

圖1　一般步行站立期的活動與狀態

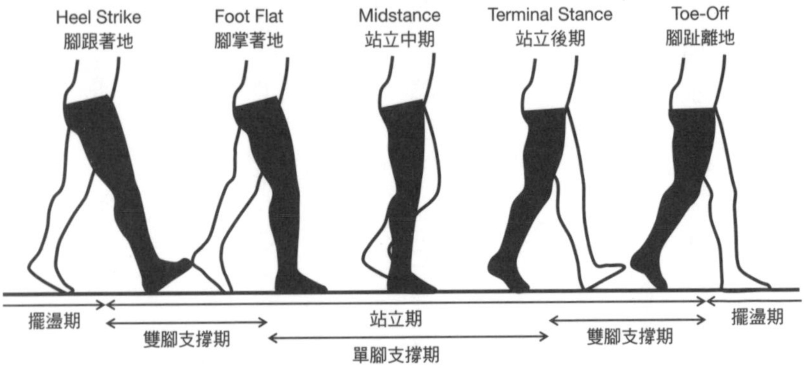

圖2　小腿在一般步行站立期中的肌肉活動示意圖

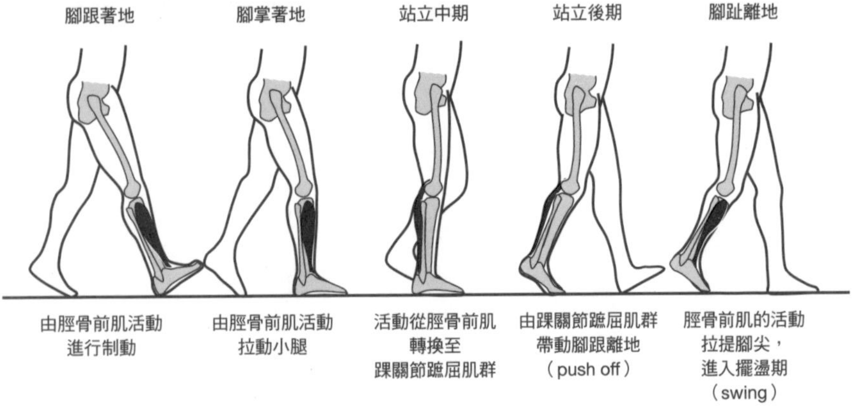

似腓腸肌的模式活動著。

話說回來，關於大多數的人型雙足步行機器人的膝蓋，膝關節若完全伸展，似乎會急遽喪失自由度而難以維持穩定，或是支撐膝關節所需的出力會急遽變化等，接近完全伸展就會發生控制性不穩定的狀況，結果變得窒礙難行（這是否為其支撐期呈屈膝姿勢的真正理由尚不得而知）。

近年好像也出現了可以在支撐期完全伸展膝關節的雙足步行機器人。

脛骨前肌的活動不僅限於剎車，
還發揮著輔助動作的作用，
積極將全身重心逐漸移至
接觸地面的足部上。

Chapter 6

關於肩膀

關於肩膀 其1

—肩帶的構造與作用—

何謂「肩膀」？

雖統稱為「肩膀」，但符合的部位會依狀況或是個人而各有不同，要簡潔地說明意外地困難。

我用小學館的國語辭典查了一下「肩膀」，上頭寫道：

1 人類手臂連接軀體處的上方部位，以及從該處至脖子根部的部分。

2 動物的前肢或翅膀連接軀體部分的上方部位。

我們人類是在上肢解放的狀態下活動，「肩膀」即是上肢與軀幹的接點，是可以直接輕鬆觸碰且從平日就比較常意識到的部位。日文有許多與肩膀相關的慣用語，比如「肩の力を抜く（放鬆）」、「肩の荷がおりる（卸下重擔）」、「肩で息をする（呼吸困難）」、「肩が凝る（肩膀痠痛）」等，可說是因為肩膀這樣的特性而自然衍生出的用法。

話說回來，姑且不論字典上的釋義，所謂的「肩膀」是指什麼呢？日文裡說放鬆、卸下重擔或是痠痛時所用的「肩」字，是指哪個部位呢？一般來說，有些時候是指三角肌的隆起處，有些時候是指稍微靠近頸部的斜方肌上方周邊的部分，應該也有些時候是意識到了肩胛骨周邊。

光是要列舉出與「肩膀」相關的骨骼都拿不定主意，肱骨與肩胛骨算兩塊？還有鎖骨？肋骨或頸椎、胸椎也算嗎？（圖1）。我們不妨先試著從整體樣貌來慢慢觀察複雜的「肩膀」構造。

肩膀的整體構造十分複雜

如前所述，光是要列舉出與肩關節相關的骨骼就讓人傷透腦筋。在解剖學上，若從關節這個角度來思考，狹義的肩關節是指由肩胛骨與肱骨所構成的「盂肱關節」。

圖1　「肩膀」的整體樣貌

雖然統稱為「肩膀」，但所指的範圍很廣，有些時候會依狀況而採用不同的解讀方式。

試著再稍微放大範圍來看，肩胛骨與鎖骨的接點「肩鎖關節」、鎖骨與胸骨的接點「胸鎖關節」皆可歸類為涉及肩膀運動的關節。有時甚至連肩胛骨與胸廓的接點「肩胛胸廓關節」都被視為肩膀的功能性關節（圖2）。

這樣觀察下來便會知道，與肩膀相關的骨骼相當多。試著探索軀幹至肱骨之間的骨性連結，便會得知軀幹與上肢之間唯一的骨性連結便是胸骨與鎖骨間的關節，即胸鎖關節。鎖骨以胸鎖關節為中心來運動，鎖骨末端則是透過肩鎖關節與肩胛骨相連。

肩胛骨的外側有個容納肱骨頭的關節盂，而這個關節盂的位置與方向，是透過「以胸鎖關節為中心的鎖骨動作」和「以肩鎖關節為中心的肩胛骨動作」兩者的組合，才得以在廣泛範圍內移動並朝向各個方向（圖3）。當這兩個關節的動作受到限制時，無論盂肱關節的動作再怎麼順暢，最終手指能到達的範圍仍會顯著變窄。

光要列舉出涉及肩關節的骨骼
就不是件容易的事，
況且還有無數肌群錯綜複雜並分工合作。

圖2　「肩膀」的關節及有所關聯的骨骼與關節（從頭側觀看胸廓的圖）

肩膀有肩胛骨與肱骨構成的盂肱關節、肩胛骨與鎖骨構成的肩鎖關節，以及鎖骨與胸骨構成的胸鎖關節參與其中。胸廓本身也與肩胛骨有大面積相接，涉及肩帶的穩定。

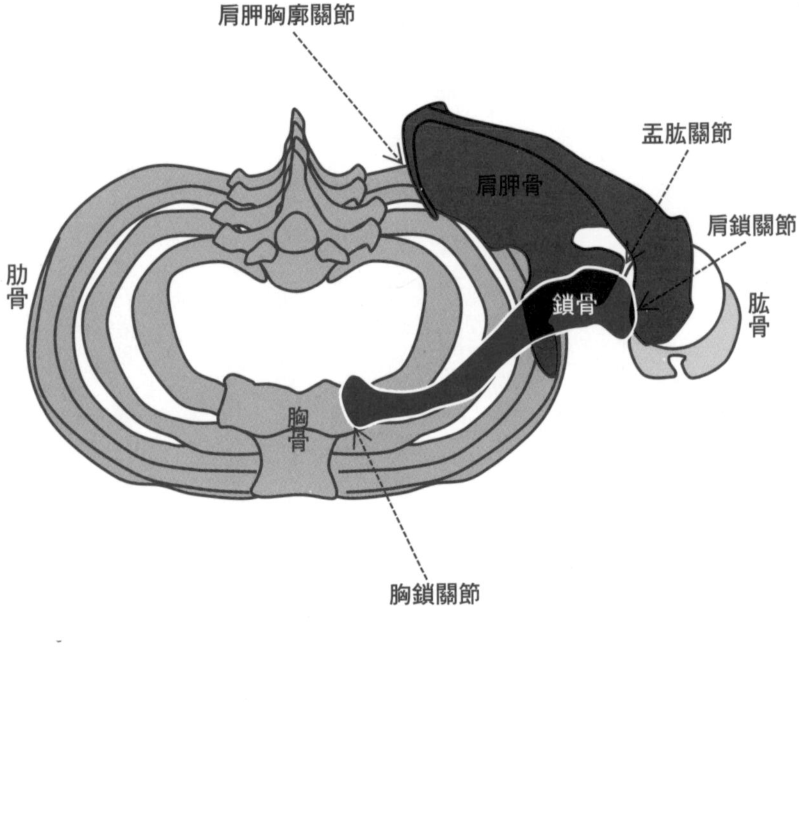

圖3 肩胛骨的運動

以虛線○所標示的胸鎖關節為中心的鎖骨運動，以及以肩鎖關節為中心的肩胛骨運動，肩胛骨是透過這兩種運動才得以在廣泛範圍間移動，並讓關節盂朝向各個方向。

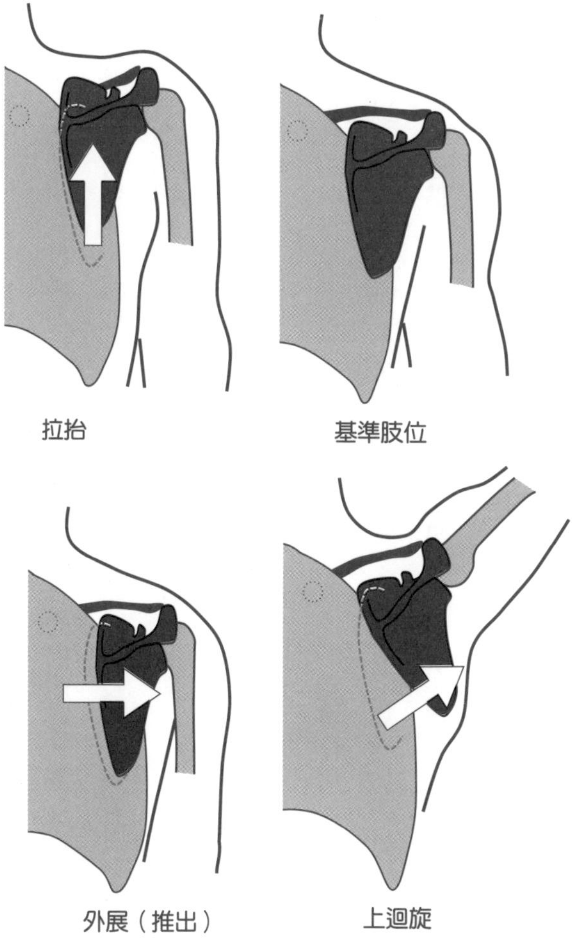

肩膀部位有無數包圍這些骨骼構造的肌群，它們錯綜複雜並分工合作。比方說，單看肩胛骨的話，雖然肩胛骨與胸廓之間的骨性連結，只靠連接胸廓與肩胛骨的鎖骨和肩鎖關節來連結，但如果少了前鋸肌的作用，肩胛骨便無法穩定與胸廓接觸。一旦前鋸肌的支配神經「胸長神經」發生麻痺，肩胛骨的內側緣（靠近皮下摸得到的胸椎棘突那側）便會浮起，假如試圖「舉手向前看齊」，皮下的肩胛骨便會變成如翅膀般的突出狀態（翼狀肩胛：winged scapular）。

這種狀況並不單純只是肩胛骨從胸廓中浮起，還會對上肢的運動產生顯著的限制。從這個案例亦可發現，上肢精妙的控制背後，有高度自由的骨骼構造與支撐骨骼的無數肌肉在發揮作用。後續還會繼續提到這些個別肌肉的相關作用。

回到正題，若要以解剖學的觀點來彙整，「肩膀」似乎可以想成是由自由上肢（比肱骨還要遠端）的起點，以及連接自由上肢與軀幹的肩帶，還有其周邊的構造結合而成。

人類的特徵

從四足轉變成直立雙足，從伏行姿勢到軀幹的直立，我們人類的上肢獲得解放，一般認為這點與人類顯著發達的大腦或獲得語言有所關聯。人類在雙足步行的前一個階段是採取什麼樣的移動手段呢？關於這點尚有爭議，不過臂行（brachiation，在樹枝間擺盪）與垂直爬樹都是有力的說法。

在臂行中的懸垂狀態或是爬樹中的垂直姿勢，上肢與肩帶都需要較大的可動範圍，或許是歷經這樣的運動模式，人類的上肢與肩帶才得以發展成現在這樣的形態。人人皆知採取臂行的猿猴，其鎖骨在懸垂狀態中是上肢與軀幹的接點，發展得非常長（Inuzuka, 1992）。

圖4標示出了人類與四足動物（狗）的胸廓橫截面（伊藤等人，1990）。從中可以看出，狗的肩胛骨與肱骨的位置關係適合支撐體重，相較之下人類肩胛骨的位置比較靠背側，適合在廣泛的空間裡操縱

人類肩胛骨的位置比較靠背側，
適合在廣泛的空間裡操縱上肢。

上肢。

在這張圖中，狗的關節盂是朝向腹側，而人類的關節盂是朝向外側。而且狗沒有鎖骨。人類胸廓與上肢間的骨性連結只有胸鎖關節（胸骨與鎖骨的關節），以屬於球窩關節（有時會歸類為鞍狀關節）的胸鎖關節為中心，肩帶本身可以大範圍地移動。

肩胛骨的位置比較靠近背側，關節盂則朝向外側，再加上發達的鎖骨，這些都是與其他靈長類比較後得出的人類特徵（岡田，1977；Larson，2007），這樣的特徵加大了肩胛骨的運動範圍（岡田，

圖4　人類與四足動物的肩胛骨與胸廓之關係
（根據伊藤等人1990的論點來製圖）

與狗對比之下，人類（左）的肩胛骨位於背側，關節盂朝向外側，確保肩胛骨有廣泛的運動範圍。

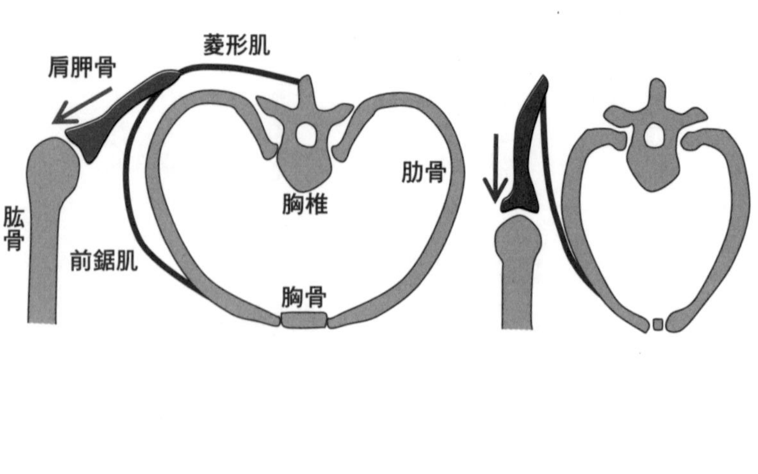

1977），進而擴大肱骨與指尖的運動範圍。狗的構造是直接承受肱骨的負載，而人類的構造則是在廣大運動範圍內滿足各種功能上的需求，兩者之間的差異饒富趣味。

下一節將進一步詳細論述每個骨骼與關節的特徵。

關於肩膀 其2
—肩胛骨的構造與動作—

前一節我們提到相當於上肢基部的肩帶是由肩胛骨與鎖骨所構成。肩帶的構造是藉著讓肩胛骨自由運動來擴展肱骨頭的移動範圍，以結果來說，有助於擴大自由上肢（手臂）的動作範圍。肩胛骨是這些動作的基礎，而肩胛骨及其周圍的構造都相當有意思。

肩胛骨是讓上肢能有較大動作範圍的主因，本節我想對此詳加探討。

肩胛骨的型態

肩胛骨是塊近似三角形、薄而扁平的骨骼，因為其形狀而另有個日文別稱為「貝殼骨」。取其骨骼模型背對著光，甚至隱約可見另一側的光透了過來。肩胛骨的英文名稱為Scapula，又稱為Shoulder Blade。Blade表示如「刀刃」或「螺旋槳的扇葉」般的東西，所以真的就是字面上的意思呢。

在活體上很難看得出來，不過肩胛骨會沿著胸廓的曲面、有如胸廓側凹陷般彎曲，在活體中則是埋沒在肌肉中。胸廓背部與肩胛骨腹側之間的關聯（骨骼之間並無直接接觸）被視為功能性關節，有時稱為「肩胛胸廓關節」。肩胛骨的背側有著大大突起的肩胛棘，往外側延伸成肩峰，形成與鎖骨之間的關節（肩鎖關節）（圖1、圖2b）。外側緣的上端則有個關節盂，形成與肱骨之間的關節，而從關節盂的基部前方彷彿包覆肱骨頭般的位置則有喙突突出來。

像這樣重新觀察肩胛骨便可知道，這塊骨骼著實為肌肉提供了良好的附著點，同時在運動中發揮槓桿作用。附著在肩胛骨上的肌肉主要居中連接起相鄰的頸椎、胸椎、肱骨、鎖骨與肋骨，也有些肌肉與頭蓋骨或喉嚨裡的舌骨相連。

如果沒了肩胛骨會變成怎樣呢？肱骨頭當然會無所依憑，僅平面

肩胛骨是塊近似三角形、薄而扁平的骨骼，
因其形狀而另有個日文別稱為「貝殼骨」。

圖1　肩胛骨（右）的形狀

肩胛骨周圍是由大小無數塊彎曲的薄板狀構造與巨大的突起所形成。外側緣上方則有關節盂大大突起，可看到好幾個像是要將之圍起般的凹槽，為肩峰與肩旋轉肌群提供了附著點。整體如腹側下沉般呈現彎曲狀。

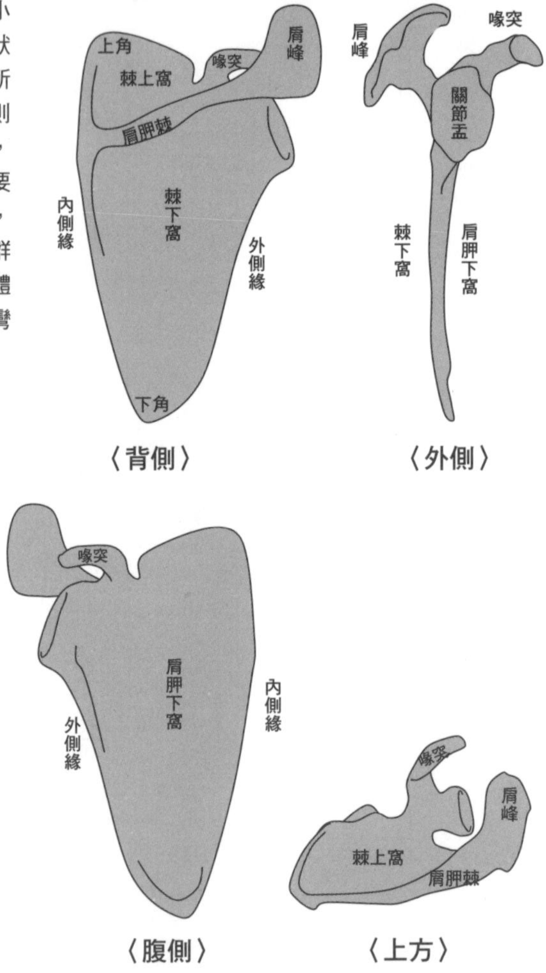

圖2 肩胛骨周圍的肌群與滑液囊

在肩胛骨周圍，肌肉與肌肉間、肌肉與骨骼間有著大大小小無數個滑液囊，為了讓肩胛骨在胸廓上滑動而發揮著重要的作用。

a：肩關節至胸廓的水平剖面，肌肉骨骼與滑液囊的示意圖

b：從背側來顯示肩胛骨與滑液囊之位置關係的示意圖

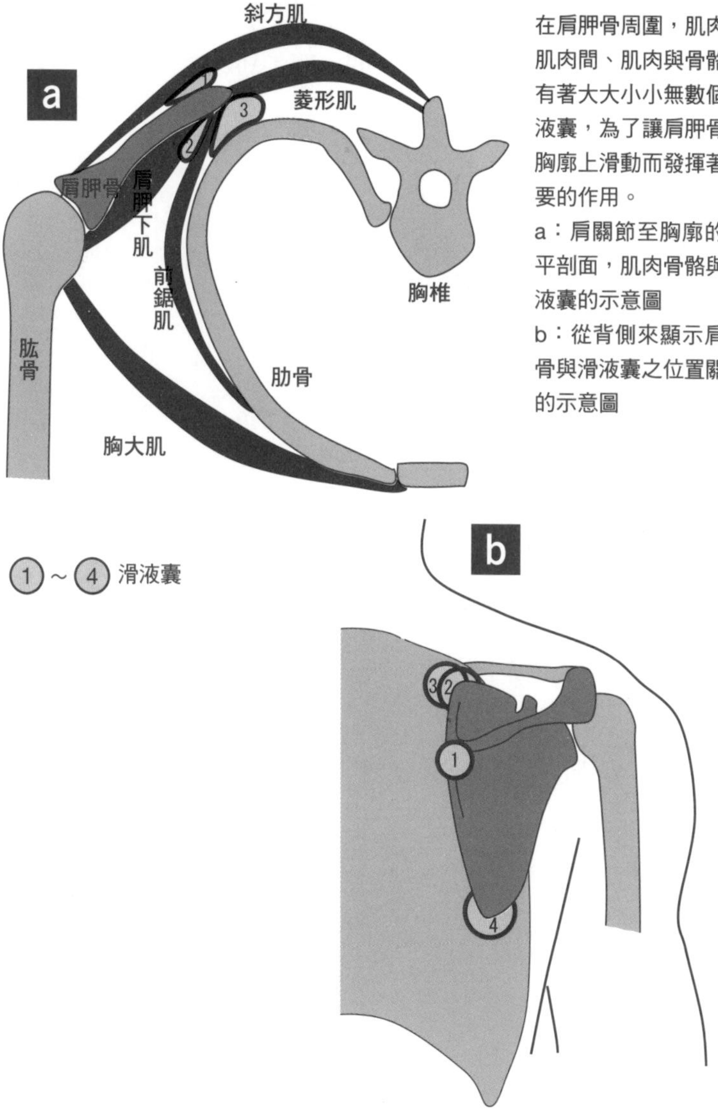

貼附於胸廓的附著點應該難以確保肌肉量，肌肉的附著部位明顯不足。一般認為肩胛棘是藉由在附著部位確保高度，讓能對上肢與軀幹發揮作用的肌肉量極大化。

甚至連喙突也加大了肌肉的附著面積，不僅如此，其構造還能讓肌肉附著在對穩定肩關節極其重要的位置上。連接肩峰與喙突的韌帶則像包覆般保護著肱骨頭。更有甚者，鎖骨與喙突之間的韌帶在鎖骨與肩胛骨之間產生了適度的運動限制，與肩關節的穩定密切相關。此外，肩胛骨雖薄，仍有區隔之用，應該可防止鄰接肌肉之間的張力與作用之干涉。思及至此，肩胛骨所發揮的作用涉及甚廣，非常饒富趣味。

從體表較容易辨識的肩胛骨部位有：突出於背側並且可摸到就在皮膚正下方的肩胛棘、在肩胛骨的旋轉中移動範圍最大的下角、提供許多肌肉附著點的內側緣，還有可於肱骨頭前上方摸到的喙突。喙突本身也為肱二頭肌的短頭、喙肱肌與胸小肌提供了附著點，所以予人一種位於稍深之處、埋於組織內的印象，但若是特別留意其存在，仍是有可能摸得到的。喙突位於比較敏感的部位，用力觸摸或許會感到不適。

肩胛骨的凹槽

肩胛骨雖薄，卻為許多肌肉提供了重要的附著部位。肩胛骨與肱骨之間的關節（盂肱關節）一般稱為肩關節，肩胛骨與其穩定密切相關；為所謂的深層肌肉，即「肩旋轉肌群（Rotator cuff）」提供附著點的，當然也是肩胛骨。這些肩旋轉肌群便是起始於肩胛骨的凹槽。

肩胛骨上有三個為肌肉提供附著點的大凹槽。背側以肩胛棘為分界，上方的凹槽稱為棘上窩，下方的凹槽則為棘下窩。如其名所示，棘上窩裡容納了棘上肌，棘下窩中也同樣容納了棘下肌。至於肩胛骨的胸廓側，前面已經說過胸廓側是呈凹陷般的彎曲狀，此彎曲所形成的凹槽即稱為「肩胛下窩」。肩胛下窩則被肩胛下肌填滿了。

雖然這些凹槽都被肌肉填滿了，但是只要意識著這些凹槽，在按摩等時候便更容易鎖定目標。要讓肩胛下窩處於淺層狀態並不容易，可採取的方式有：擺出大幅外展上肢的肢體位置（高舉雙手喊萬歲的姿勢），從腹側靠近（須格外留意避免給予神經與大血管密集的腋窩周邊強烈刺激）；若是從背側靠近，則從胸廓與肩胛骨之間著手。

肩胛骨連結了脊柱與胸廓，本身受到附著其上的許多肌肉的控制，會沿著胸廓運動，而較具代表性的肱二頭肌與肱三頭肌等通往自由上肢的多條肌肉也是起始於肩胛骨。在露出上半身的狀態下運動，大幅度操作如鐵棒般的上肢時，便可看到肩胛骨在皮下大幅動作的模樣。

胸廓上的肩胛骨動作順暢到很適合用「滑溜」來形容，其背後當然有無數條肌群參與其中，還可看出胸廓與肩胛骨之間具備能順暢滑動的構造。

挪動肩胛骨的肌群

圖2a是利用胸廓至肩關節的水平剖面示意圖來顯示骨

肩胛骨上有三個
為肌肉提供附著點的大凹槽，
名為「棘上窩」、「棘下窩」與「肩胛下窩」。
只要意識著這些凹槽，
在按摩等時候便更容易鎖定目標。

骼、肌肉，以及介於其中的滑液囊。圖2b則是從背側觀看背部的圖，○的部位有著具備各種功能的滑液囊。請試著搭配圖2a來想像其位置與深度。

首先，胸廓與肩胛骨的內側緣之間有個大滑液囊。如名稱所示，滑液囊是個有滑液膜加以「補強」的結締組織，呈袋狀，內部有從滑液膜分泌出來的滑液。這和關節的囊袋「關節囊」構造一致。其位於解剖學上的構造與構造之間，比如骨骼與皮膚之間、肌腱與骨骼之間、肌肉與肌肉之間。運動時，因為滑液而使摩擦變得極小的滑液膜彼此相接，藉此防止骨骼或肌肉等解剖學上的構造彼此直接摩擦。

另一方面，如果滑液囊發炎，或是滑液膜之間沾黏而使動作不順暢，就會引發疼痛或是卡住，導致各式各樣的問題。試著重新觀察肩胛骨的周圍便可知道，肩胛骨與斜方肌之間、肩胛下肌與前鋸肌之間也有滑液囊，這些都能擔保肩胛骨與周圍肌群順暢地動作。

圖3為連接前述的肩胛骨與胸廓・脊柱之主要肌群的示意圖。雖然這裡也有所省略，不過透過這些個別的要素適當地組合起來，便構成肩胛骨或上肢整體的精妙運動。

圖3 涉及肩胛骨運動的主要肌群示意圖

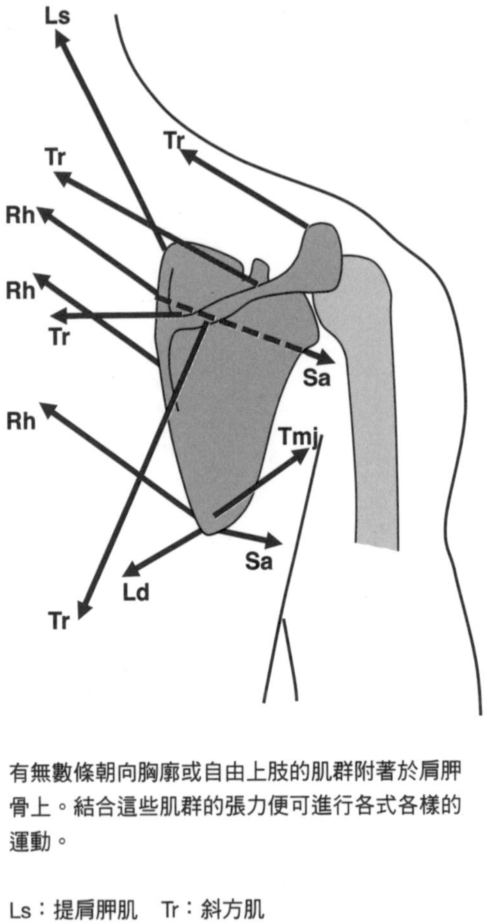

有無數條朝向胸廓或自由上肢的肌群附著於肩胛骨上。結合這些肌群的張力便可進行各式各樣的運動。

Ls：提肩胛肌　Tr：斜方肌
Rh：菱形肌　Sa：前鋸肌
Ld：背闊肌　Tmj：大圓肌

細節讓我們留待下一節再討論，不過請先仔細觀察這些肌群的構成。一般認為，涉及上迴旋（讓關節盂朝上）的肌肉多過涉及下迴旋的肌肉，而讓肩胛骨整體拉抬的肌肉則壓倒性地多過下壓的肌肉。

此外，圖3中，相較於構成肩胛骨的內收肌群（讓肩胛骨往胸椎內收：往正中方向拉）的肌肉數，外展肌群（讓肩胛骨從胸椎外展：遠離正中，讓肩膀往前突出）的數量明顯比較少。

實際上，前鋸肌涵蓋的範圍相當廣泛，發揮著極其重要的作用，雖然可以從體表仔細觀察這條肌肉，卻很難想像它是如何附著在肩胛骨上的，所以感覺不太引人注目。

關於肩膀 其3

—控制肩胛骨的肌群—

埋在肌肉中的肩胛骨

正如目前為止所述，肩胛骨大部分是薄薄的骨骼。觀察模型的骨骼便會發現，肩胛骨透到可隱約看到對面，但不可思議的是，這裡甚少骨折，據說頻率只佔全部骨折的1％左右。其背後的原因在於前一節所提到的特徵「優異的滑動性」，圍繞其周圍的肌群眾多或許也有影響。

附著在肩胛骨上的肌群很多，肩胛骨與胸廓之間也有肌肉的存在。換言之，說肩胛骨是「埋」在肌肉裡、配置於肌肉的肉墊之中也不為過。解剖學家山田與萬年（1995）曾如此描述這種狀態：「簡言之，肩胛骨的特徵在於，處在一種由附著於其內側緣的多條肌肉所形成的懸空浮游狀態，發揮著自由的可動性。這種時候對胸廓而言，肩胛骨就像是搭乘在名為前鋸肌的『肌肉墊子』上滑動。」

試著以這種特徵為基礎來仔細觀察其構造，可以想見這些配置極其巧妙的肌群，正透過毫無多餘的作用控制著肩胛骨的動作。這些肌群各自具備什麼樣的特徵？又對肩胛骨發揮著什麼樣的作用呢？本節將以肩胛骨為題，針對控制肩胛骨的肌群來逐一討論。

涉及肩胛骨運動的肌群

■斜方肌

斜方肌又分為上、中、下三個部位。上部會從上方拉引肩胛棘，藉此發揮拉抬肩胛骨的作用。下部附著於肩胛棘的內側。上部與下部會合力作用於上迴旋（讓關節盂朝上的動作）。中部則具有讓肩胛骨靠近脊柱的內收作用。當所有部位都強勁地發揮作用，就會拉抬肩胛骨進行上迴旋並同時往後拉引，變成做出「挺起胸膛」的動作。

說肩胛骨是「埋」在肌肉裡，
配置於肌肉的肉墊之中也不為過。

圖1是標示斜方肌的示意圖（左半邊）。請試著想像一下每一個部位的作用。上部纖維與下部纖維共同運作，作用於肩胛骨的上迴旋。不妨試著結合後面將提到的「前鋸肌的作用」來思考。圖1的右半邊標示了位於斜方肌深層的肌群與背闊肌。

■菱形肌

大・小菱形肌位於肩胛骨的內側緣與脊柱之間，從胸椎往外側下方延伸，附著於肩胛骨的內側緣，因此可讓肩胛骨內收或下迴旋。前鋸肌起始於第一～第八肋骨，通過胸廓與肩胛骨之間，附著於肩胛骨的內側緣，其延長則為菱形肌與提肩胛肌。換言之，肩胛骨的內側緣附著在由前鋸肌、菱形肌與提肩胛肌連接而成的大片肌肉薄片的中間（圖2）。

■前鋸肌

前鋸肌與肩胛骨的外展或上迴旋密切相關，像倒立、仰臥推舉或是在頭上舉

圖1　涉及肩胛骨運動的主要肌群（背側）

左半邊標示了表層的肌群，右半邊則排除斜方肌，標示出更深層的肌群。

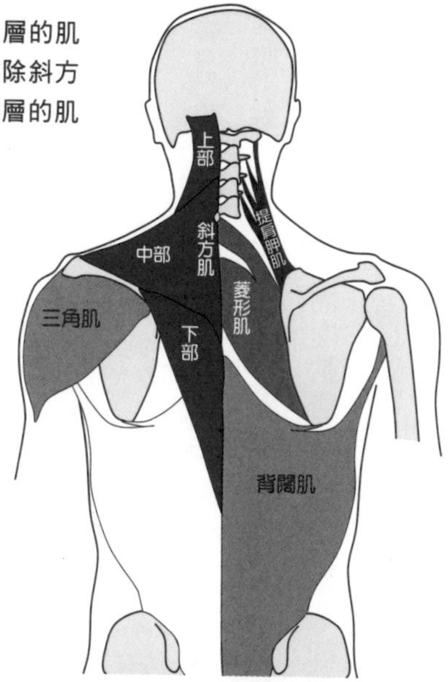

圖2　肩胛骨內側緣所附著的肌肉薄片之示意圖

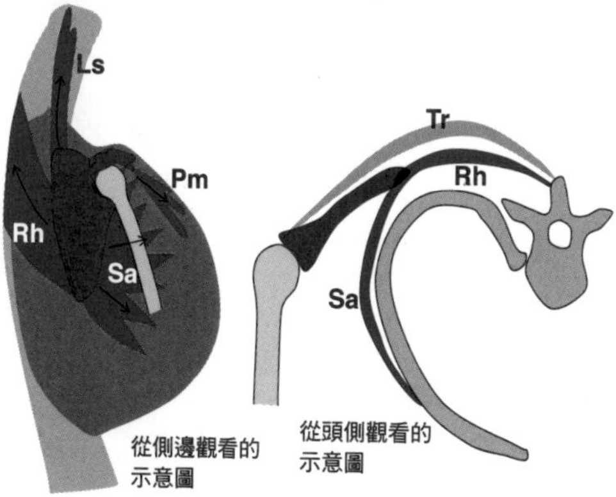

肩胛骨的內側緣附著在由前鋸肌、菱形肌與提肩胛肌連接而成的大片肌肉薄片的中間。

Ls：提肩胛肌
Tr：斜方肌下部
Rh：菱形肌
Sa：前鋸肌
Pm：胸小肌

起槓鈴的姿勢，在這類肩胛骨必須外展或用力上迴旋的情況下，從體表亦可觀察到前鋸肌強勁運作的模樣，在側胸部位呈「鋸齒狀」。前鋸肌的張力有拉住肩胛骨的內側緣以維持肩胛骨與胸廓接觸的作用。因此，這條肌肉的麻痺（胸長神經麻痺）有時會導致肩胛骨的內側緣浮起。

比方說，在「舉手向前看齊」的姿勢中，肩胛骨的內側緣會處於從胸廓浮起般的狀態，要完全舉起患側的上肢會變得十分困難。這樣的狀態稱為翼狀肩胛骨（winged scapula）。關於翼狀肩胛，以前曾報導過在職業棒球中疑似因治療造成事故而引發爭議的案例，一時蔚為話題，這種症狀拖延好幾個月也不稀奇，尤其會對投擲等需要上肢大幅度動作的運動表現造成極大的負面影響。

每個專業項目的負荷或是動作，與發病之間的因果關係目前尚不明朗，但是筆者身邊有擲鏈球的競賽選手已經有多次這樣的經歷。通常會以為，肩胛骨的內側緣浮起這種特徵明顯的症狀很容易判別，但是我也看過一些案例被診斷為棘下肌麻痺（棒球投手等舉手過肩投擲的競賽選手身上出現的頻率較高），或是攣縮引起的症狀，需要時間才能發現原因。

■提肩胛肌

提肩胛肌位於頸部的外側後方，起始於第一至第八頸椎的橫突，附著於肩胛骨的上角，是條細長的肌肉。在頭部固定的狀態下可拉抬肩胛骨，在肩胛骨固定的狀態下則有讓頸部往同側傾斜並旋轉的作用。

在實際的解剖中，若是從腹側觀察肩胛骨的內側緣，雖然肌肉的走向當然不同，但令人意外的是，這條提肩胛肌看起來很像前鋸肌的一部分。前鋸肌起始於肩胛骨內側緣並通往肋骨，提肩胛肌則與前鋸肌最高處的肌束並排，通往更靠頭側的方向，附著於頸椎。

由於這種起始於肩胛骨內側的構造，在進行提肩胛肌的拉伸動作時，會採取這樣的姿勢：在手肘撐在椅子扶手或桌子上的狀態下，施加體重讓肩胛骨的外側緣能往上推，肩胛骨會因肱骨帶動的上推而進行上迴旋。如此一來，提肩胛肌的附著部位，即肩胛骨內側的上角，便會變成下拉的狀態。在這樣的狀態下側屈頸部來拉伸肌肉（圖3）。不光是側屈，也可以試著利用下頜的位置往前後屈曲的方向調節，找出拉伸感較佳的姿勢。

若再次重新審視與肩胛骨內側緣相接的肌群，可以清楚看出肩胛骨內側緣安置在菱形肌、前鋸肌與提肩胛肌所形成的可動性薄片上的模樣。山田與萬年（1995）所說的「懸空浮游狀態」與「搭乘在肌肉墊子上滑動」，很淺顯易懂地表現出這種樣態。

關於肩胛骨的可動性，雖然我們經常從提升表現或預防受傷的觀點來探討，簡稱為「訓練某條肌肉」或是「消除某條肌肉的緊繃」，但是每條肌肉並非獨立的，在物理上是處於直接相接的狀態，我們應該對此有所意識並採取應對之策。

■胸小肌

胸小肌是位於胸大肌深處的三角形薄狀肌肉，起始於第三、第四、第五肋骨，附著於喙突。以拉動喙突使肩胛骨「前傾」為人所知（圖2）。在肩胛骨固定的情況下則負責拉抬胸廓來輔助呼吸。

圖3 提肩胛肌的拉伸動作

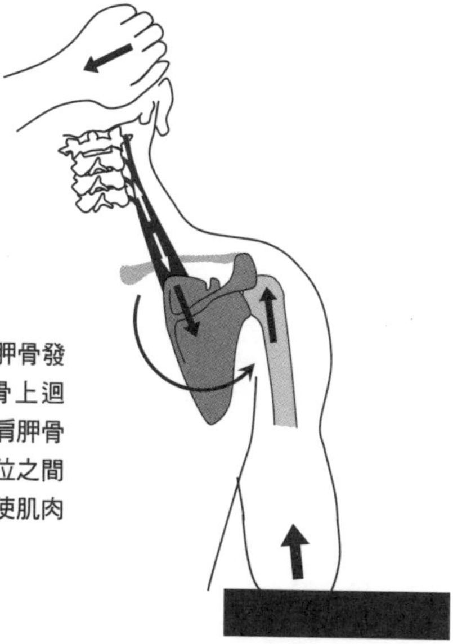

肱骨往上推的力量對肩胛骨發揮作用，會強制肩胛骨上迴旋。肩胛骨的內側緣因肩胛骨的旋轉而下拉。附著部位之間因側屈頸部而被拉開，使肌肉得以伸展。

圖4 涉及肩胛骨旋轉的主要肌群之示意圖

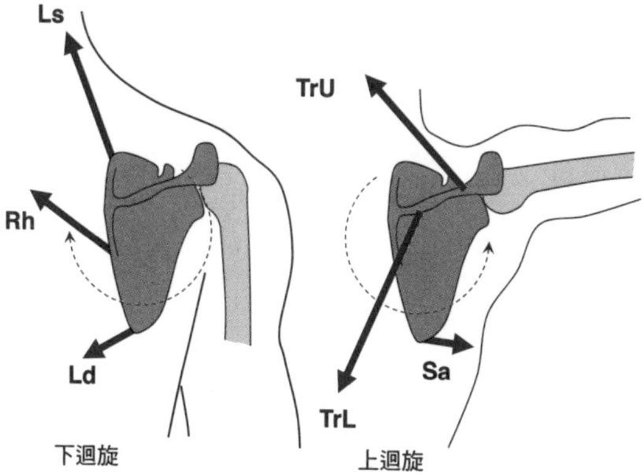

結合多條肌肉的張力來進行肩胛骨的旋轉。
Ls：提肩胛肌
TrU：斜方肌上部
TrL：斜方肌下部
Rh：菱形肌
Sa：前鋸肌
Ld：背闊肌

■作用於上迴旋與下迴旋的肌群

圖4以示意圖標示出作用於肩胛骨上迴旋與下迴旋的肌群。肩胛骨是藉由多條肌肉產生Force Couple（力偶）來帶動旋轉。比方說，想要加大肩胛骨的上迴旋時，腦中或許會直覺地浮現這樣的想法：進行動作矯正或訓練，讓作用於上迴旋的肌群（斜方肌的上部纖維、斜方肌的下部纖維與前鋸肌等）可以順暢發揮張力。從促進作用的角度來說，這是正確的選擇。

另一方面，若是從消除限制的角度來思考又會如何呢？什麼樣的肌肉一旦變僵硬就會在上迴旋時造成限制呢？簡單來說，作用於下迴旋的肌群應該就符合此特性。菱形肌與部分背闊肌是參與下迴旋的肌肉，這些肌肉的攣縮很可能對上迴旋造成限制。讓這些肌群進行拉伸或採取其他消除緊繃的方法，或許就會促進上迴旋。

對於解剖學上構造的理解，有助於思索讓每條肌肉都順利伸展的方法。比方說，雖然上迴旋可讓菱形肌得以伸展，但若是以拉伸動作為目的，我認為與其採取上迴旋的姿勢，不如讓肩膀往前推出，使肩胛骨呈外展姿勢，再進一步牽引手臂，這樣的方法更能充分伸展（圖5）。

圖5 菱形肌的拉伸動作

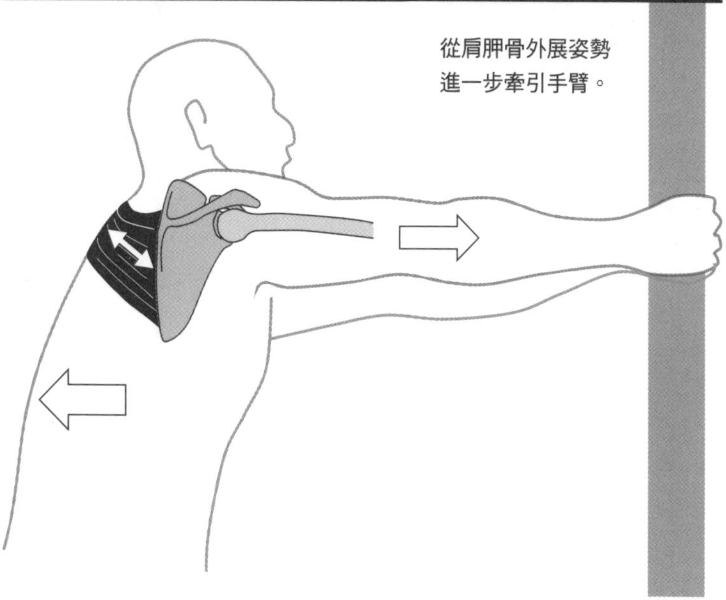

關於肩膀 其4
—關於旋轉肌袖（深層肌肉）—

由四條肌肉構成的旋轉肌袖及個別的特徵

說到帶動肩關節（這裡是指盂肱關節：肩胛骨與肱骨之間的關節）的肌肉，大家會想到什麼呢？大多數的人或許會聯想到位於淺層而較明顯的三角肌或胸大肌等。而位於比這些大肌群更深層的肌群，則經常在訓練中引發和淺層的大肌群一樣、甚至是更嚴重的問題。

具體來說，大部分是將棘上肌、棘下肌、小圓肌與肩胛下肌這四條肌肉視為同一組肌群。這個肌群有「旋轉肌袖」、「旋轉肌群」、「肩旋轉肌群」或單純的「旋轉袖」等各式各樣的叫法，在訓練指導的現場，較一般的表現方式或許是肩膀的「深層肌肉」（圖1）。

圖1　構成旋轉肌袖之肌群的示意圖

構成旋轉肌袖的肌群（棘上肌、棘下肌、小圓肌與肩胛下肌）又稱為肩膀的「深層肌肉」，圍繞肱骨頭般附著於關節的近端，在確保關節動態穩定性（維持向心位置）上發揮著重要的作用。
另一方面，大肌群的附著位置比肩旋轉肌群還要遠。

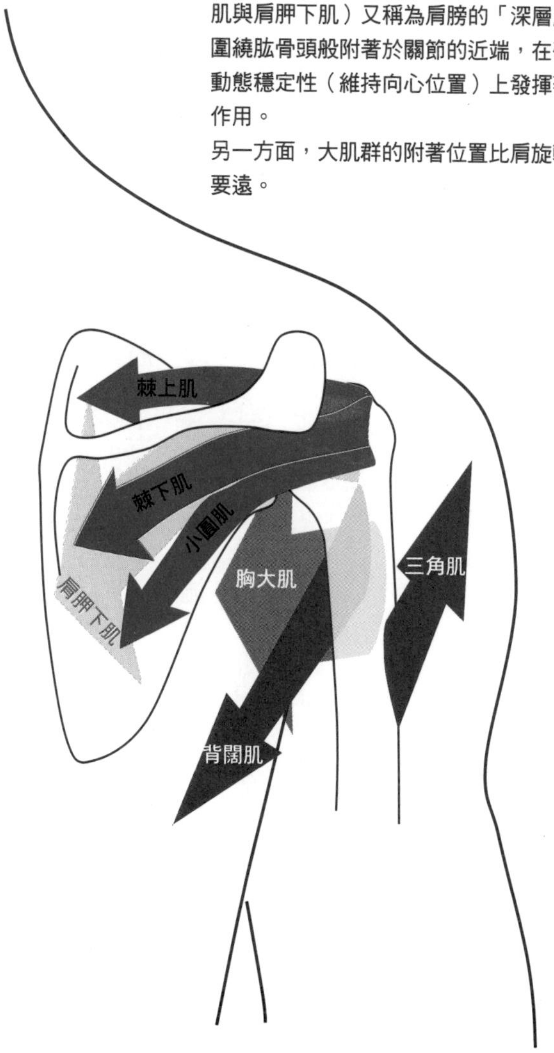

如前所述，旋轉肌袖（以下簡稱為「旋轉袖」）是由棘上肌、棘下肌、小圓肌與肩胛下肌四條肌肉所構成。

一般認為，棘上肌是從肩胛骨的棘上窩通往肱骨大結節的肌肉，經過肩峰下方，終止於大結節的上方部位；棘下肌則是從肩胛骨的棘下窩繞進關節後方，並通往肱骨大結節的肌肉，終止於大結節的下方部位。

關於這兩條肌肉，一般的解剖書中都是這樣敘述並廣為人知，但是在進行更詳細解剖的研究（Mochizuki et al., 2008）中指出，棘下肌的終止部位比一般的理解還要廣泛，甚至通達至今被認為是棘上肌終止處的大結節上端。至於棘上肌的附著點，也不只有大結節上方部位這麼狹窄，在部分模型中似乎也有案例擴大了終止點的範圍，往外側大幅轉彎並終止於小結節。

大多數時候我們都是依肌肉的走向將棘上肌分類為外展肌，棘下肌分類為外旋肌，但該論文的作者從前述的停止部位較廣及其走向的事實中，暗示棘下肌對外展的干預說不定更大。甚至還推測，一直以來都認定是棘上肌肌腱損傷的傷害當中，應該也有些案例疑似是棘下肌損傷。

小圓肌起始於靠近肩胛骨下角部位的外側後面，走向同棘下肌，終止於大結節的最下方。

肩胛下肌則是起始於肩胛骨腹側的肌肉。位於肩胛骨與胸廓之間，所以從解剖圖等或許很難掌握其位置關係。這條肌肉從前方繞進關節並終止於小結節。以活體來說，位於相當於腋窩（腋下凹槽）後壁的部位。在雙手舉高喊萬歲的姿勢中，可看出肩胛骨的下角是往外側推出的，此時從前方可輕易看到腋窩的後壁部位，肩胛下肌的一部分會與背闊肌或大圓肌一起處於淺層狀態。

旋轉肌袖的構造

每條肌肉的遠端邊緣處（即肌腱部位）整體包覆著關節而呈一體狀。這應該是此構造被稱為「旋轉肌袖（Rotator Cuff）：旋轉肌的袖口」或「旋轉袖」的緣由。以併攏的指尖握住肱骨頭模型，即可巧妙呈現出其附著於肱骨的模樣。

如圖2（以手指呈現的旋轉袖圖）所示，若是右邊的肱骨，在肱骨體位於下方的狀態下，以右手指尖包圍肱骨頭並握住，拇指位於小結節，食指則落在大結節上。在這樣的狀態下，拇指相當於肩胛下肌、食指為棘上肌、中指為棘下肌，無名指則等同於小圓肌。要取得肱骨實屬不易，所以請以麥克風等擬作肱骨，試著挪動每一根手指來控制骨頭。

有別於骨性的髖臼較深、骨頭確實嵌入髖臼中的髖關節，肩胛骨的關節盂和骨頭對比起來顯得既淺又小，因此僅靠骨骼之間的嵌合來確保運動中的穩定是不夠的，這點是肩關節的特徵。

因為這種不穩定的構造，眾所周知盂肱關節也是較常發生脫臼的關節。然而，另一方面，正是這種不穩定的構造所造就的高度自由，使盂肱關節擁有大幅度的可動範圍。

肩關節的自由運動是基於這種較淺的嵌合構造而成立的，但是為了確保此關節的穩定，除了關節盂與骨頭的嵌合外，另有圍繞關節盂的盂唇（位於關節盂的邊緣，加深關節盂來補足骨頭之嵌合的軟骨）、「肩峰－喙突肩峰韌帶－喙突」的拱狀、覆蓋前面與上面的多條韌帶等，多個靜態穩定結構互相補足並發揮功能。

另一方面，旋轉肌袖作為盂肱關節的動態穩定結構，與這些靜態結構共同活

圖2 以手指來呈現旋轉肌袖的示意圖（從外側觀看肱骨頭）

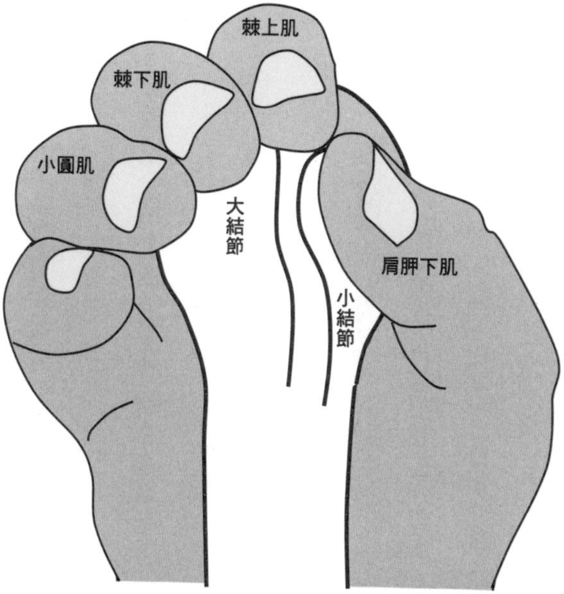

構成旋轉肌袖的肌群（棘上肌、棘下肌、小圓肌與肩胛下肌）是圍繞著肱骨頭配置而成。以右手握住右邊的肱骨頭，便可以輕鬆想像其位置關係（詳見本文）。

眾所周知，盂肱關節也是較常發生脫臼的關節。
另一方面，正是這種不穩定的構造
所造就的高度自由，
使盂肱關節擁有大幅度的可動範圍。

躍地維持關節的穩定。

旋轉袖的每條肌肉皆因應其走向與附著部位而有旋轉或外展盂肱關節的作用，另一個與此同等重要的作用是：與大幅帶動關節的大肌群的作用互相協調，將肱骨頭往關節盂拉攏以確保穩定（維持向心位置：圖3A）。

從圖1來看便一目了然，旋轉袖的肌群很明顯終止點都離關節極近。此亦為其稱為深層肌肉之緣由。附著點離關節中心很近，就意味著力臂（槓杆作用）的長度較短，不利於產生巨大的力矩（關節的旋轉力），但是便於將肱骨頭確實往關節盂拉攏。

另一方面，三角肌、胸大肌、背闊肌與大圓肌所代表的大肌群，在盂肱關節上的力臂比較大，便於加大產生目的動作的力矩，但同時也無可避免地加大了「錯開」關節般的強勁剪力或扭轉的應力。出於這種構造，若旋轉袖未於適當的時機以足夠的張力發揮功能，關節在動作中就會變得不穩定，不僅關節的出力本身受到限制，也會傷害到盂唇或旋轉袖本身（圖3B）。肩旋轉肌群的功能異常，有可能是夾擠症候群等傷害的重大危險因子。

圖3　由大肌群產生張力，由旋轉肌袖維持向心位置

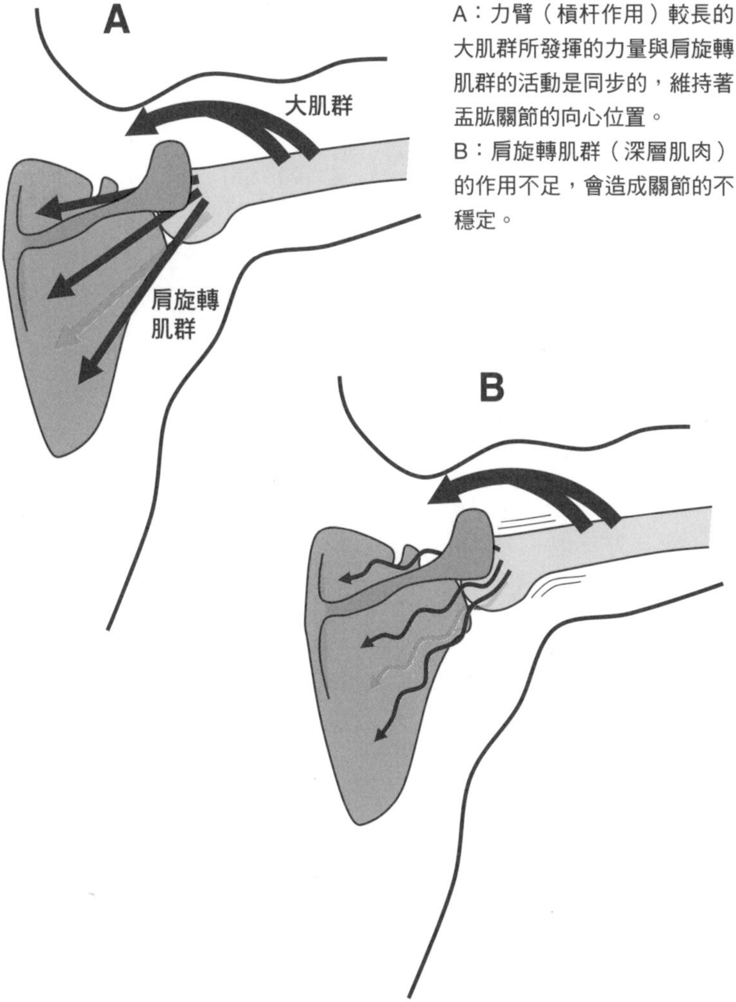

A：力臂（槓杆作用）較長的大肌群所發揮的力量與肩旋轉肌群的活動是同步的，維持著盂肱關節的向心位置。

B：肩旋轉肌群（深層肌肉）的作用不足，會造成關節的不穩定。

筆者的劇痛體驗

接下來說個題外話。

筆者的背部有個「背部孤島」的部分——因為解剖學上的制約（形態上的制約），儘管是自己的背部也無法自己搔到。我曾在努力讓指尖伸至此處時，肩胛骨周邊突然感受到一陣劇痛。那股劇痛大概1分鐘左右便消失了，但當時我嘗試探究過那份疼痛究竟是怎麼回事。

我發現當疼痛發生時，上臂的肢體位置必然是呈現〈過度伸展＋內收＋強勁內旋〉的狀態。請大家也試著努力用指尖觸摸同側的肩胛骨下角。這個姿勢是在拉伸棘下肌的同時，讓肩胛下肌縮短的肢體位置。因為又從這個姿勢更進一步努力往內旋，所以會讓已經縮短的肌肉更加收縮……也就是造成肩胛下肌痙攣。自從弄清楚這點後，一旦疼痛發生，我便會同時讓上臂外旋來拉伸肩胛下肌，如此便比較容易免於疼痛。

我當初一直以為這股疼痛是棘下肌的痙攣，卻總覺得有某個更深之處隱隱作痛。這件插曲讓筆者明確意識到肩胛下肌的存在。

關於肩膀 其5

─肩旋轉肌群的功能：聚焦棘上肌！─

與肩關節穩定密切相關的肩旋轉肌群

旋轉肌袖（以下簡稱「旋轉袖」）有棘上肌、棘下肌、小圓肌與肩胛下肌四條肌肉直接參與其中，每條肌肉因其走向及附著點而具備「帶動」關節的作用，同時還打造出盂肱關節的「向心力」幫助穩定，在維持「向心位置」時發揮作用，至前一節為止我們已經陸續陳述了其重要性。

圖1是分別以三角肌之作用（A）與肩旋轉肌群之作用（B），來顯示「在不同肩關節外展角度下，肌肉使出的張力所帶來的作用力之向量」（根據Morrey et al., 1998的內容製成示意圖）。由此可知，三角肌所產生的作用力向量會隨著外展角度而大幅變化，相較之下，肩旋轉肌群所產生的作用力向量，即便改變外展角度

圖1　會隨肱骨外展角度而變化
並使肱骨頭壓於關節盂上的力量

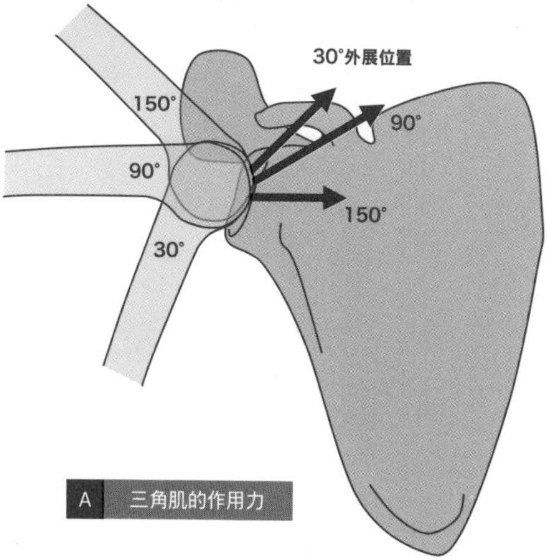

A：三角肌的作用力
B：肩旋轉肌群的作用力
三角肌會根據外展角度改變力量的方向，而肩旋轉肌群則是即便改變了外展角度，作用力的方向仍幾乎固定。
（筆者根據Morrey et al.（1998）的資料來製圖）

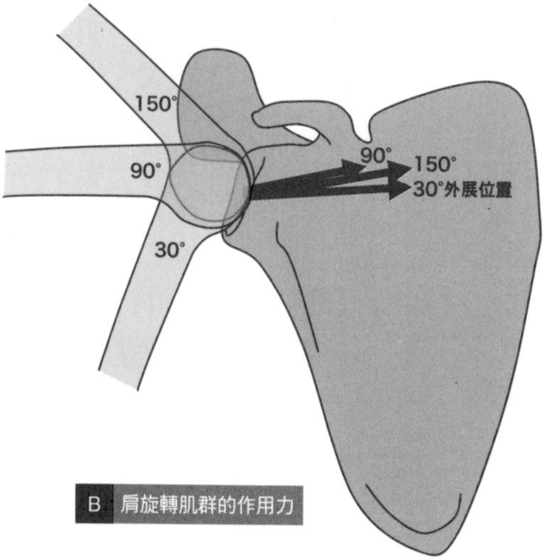

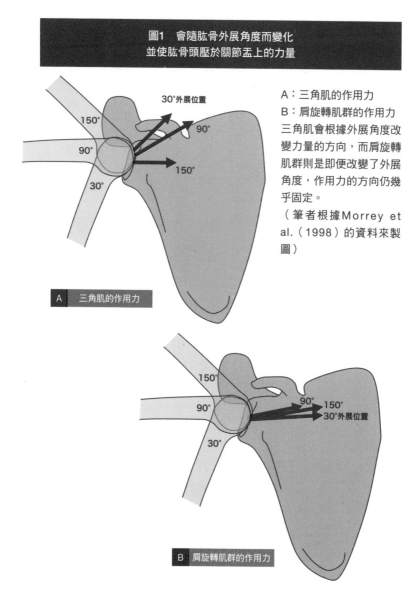

仍經常使肱骨頭壓在關節盂上。

從這件事可以重新了解到一件事：即使單看所謂淺層肌肉中的三角肌，其單獨的作用也會產生一股讓關節「錯開」的力量。與此同時，肩旋轉肌群（深層肌肉）很明顯地也使出一股力量來抑制淺層肌肉所導致的「錯位」。

如上所述，肩旋轉肌群與肩關節的穩定密切相關，要積極或偶爾選擇性地訓練這些肌肉時，應該採用什麼樣的姿勢或動作比較理想呢？我們可以在一些探索訓練手法的研究，或是摸索臨床上適切的肌力測驗的研究中找到答案。

本節將介紹一些探討肩旋轉肌群之訓練與肌力測驗法的研究，並且聚焦於肩旋轉肌群的功能，尤其是棘上肌。

訓練動作與棘上肌的活動

如目前為止所述，棘上肌具有單獨外展盂肱關節的作

肩旋轉肌群與肩關節的穩定密切相關。
積極或偶爾選擇性地
訓練這些肌肉時，
應該採用什麼樣的姿勢或動作
比較理想呢？

用，也就是把朝下垂著的手臂往上舉起的動作。另一方面，我們也已經知道，即使與最具代表性的外展肌「三角肌」相比，棘上肌將肱骨頭往關節盂拉攏的張力也比較大。

Reinold et al.（2009）認為，在肩胛骨平面內進行外展，尤其是外展角度30°至60°左右、手臂舉起幅度較小的時候，棘上肌會積極發揮作用。另一方面，肩關節的旋轉似乎對棘上肌的作用或與其他淺層肌肉的共同關係也有很大的影響。

Reinold et al.（2007）測量了採取站立姿勢，在肩胛骨平面內（30°水平外展姿勢），分別以下列三種姿勢進行上肢舉起時的肌肉活動：（1）Empty-Can Exercise（肩關節內旋姿勢＝拇指朝下的肢體位置：因為此姿勢會讓手裡所拿的罐裝果汁倒光光，故命此名）、（2）Full-Can Exercise（肩關節外旋姿勢＝拇指朝上的肢體位置：因為此姿勢會讓手裡所拿的罐裝果汁維持裝滿狀態，故得此名）、（3）趴伏而肩關節呈100°外展姿勢，從外旋姿勢的狀態來進行Full-Can Exercise。結果顯示，在各個嘗試動作中，棘上肌的活動量並未顯現出巨大的差異，但是在Empty-Can Exercise與趴伏式Full-Can Exercise中，三角肌的活動變大了（圖2）。

基於這些結果，該作者認為，較理想的棘上肌訓練或測試手技便是Full-Can Exercise，也就是採取站立姿勢，在肩胛骨平面內，以肩關節外旋姿勢（拇指朝上的狀態）舉起手臂。

另一方面，也有研究是在自重訓練（徒手健身）中利用單邊舉起的動作來限制外展角度。荻本與鶴田（2016）以健康正常的成人男性的肩關節周圍肌群為對象，採用肌電圖測量，也就是將電極刺入肌肉內的方法（電極線），在自重訓練中以各種肢體位置來進行上肢舉起運動，比如〈舉起角度45°&90°；舉起路徑：前方&側邊&肩胛骨平面上；旋轉角度（內旋姿勢↓外旋姿勢）：拇指朝下&掌心朝下&拇指朝上&掌心朝上〉，藉此來探討肩關節周圍肌肉的活動。

其結果顯示，棘上肌在單邊舉起90°的最大內旋姿勢（拇指朝下）中展現出最高的活動量。另一方面，在往前方舉起90°的最大外旋姿勢（掌心朝上）中，棘下肌顯示出高度的肌肉活動，相對地，棘上肌的肌肉活動則降至最低。該作者從這些結果中得出一個結論：徒手檢查棘上肌時，以單邊舉起的內旋姿勢來測試很可能是有

圖2 肩旋轉肌群的訓練

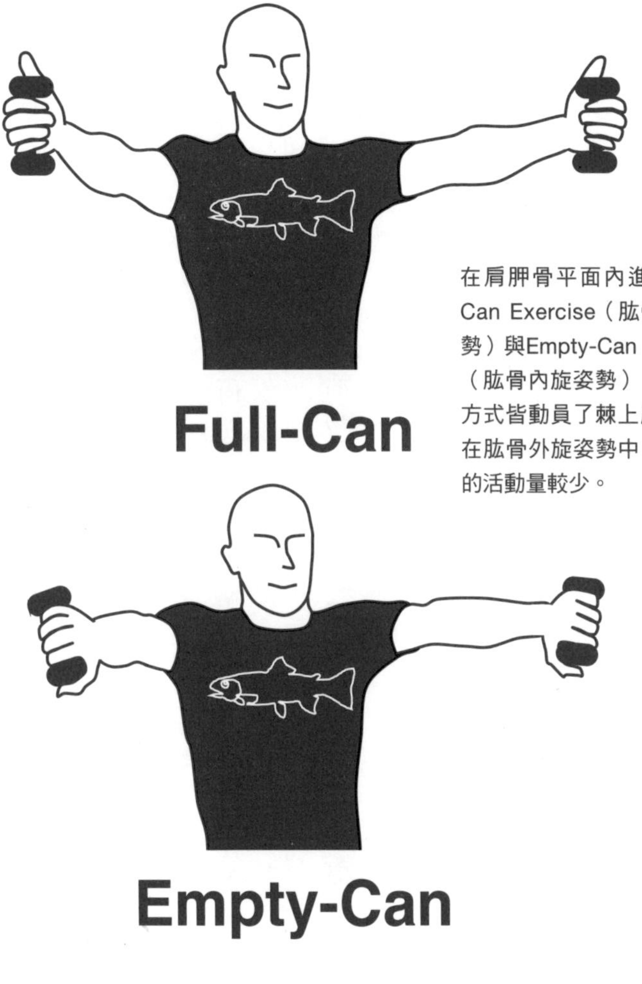

在肩胛骨平面內進行Full-Can Exercise（肱骨外旋姿勢）與Empty-Can Exercise（肱骨內旋姿勢）。這兩種方式皆動員了棘上肌，但是在肱骨外旋姿勢中，三角肌的活動量較少。

效的。

從「棘上肌的活動量大小」這樣的觀點來說，這個結果與前述Reinold et al.（2007）的結果並不一致，但該作者也說過：「在同一種肢體位置中，肱骨愈往外旋則對三角肌的負擔愈少」，若以「選擇性動員」的觀點來看，換言之，試著從「減少三角肌的參與，施加負荷於棘上肌」的角度來看，肩關節外旋姿勢似乎可說是比較理想的。

在探討「舉起上肢時，肌肉活動在時序上之變化」的研究中，福島與三浦（2014）對肩關節「屈曲」運動（往前方舉起）的看法是，棘上肌在肩關節屈曲30°～60°的範圍中，肌肉活動量最高，隨著屈曲角度的增加，肌肉活動會逐漸減少，反之，棘下肌與三角肌的肌肉活動量則是隨著屈曲角度增加而逐漸增加。

在肩關節「外展」（往側邊舉起）中，棘上肌會隨著肩關節外展角度增加而增加肌肉活動，相對的，棘下肌則是在外展90°以後，肌肉活動量才會增加，在那之後一直維持該活動量。

由此可知，有無數研究是像這樣依時序仔細追蹤，並以一套數值來記述動作整體的活動量，其結果仍有重新探討的空間。更進一步來說，在實際運動的動作中，肩旋轉肌群的活動想必更加複雜，往後還有必要再詳細地逐一檢討。

芬蘭的擲標槍與肩旋轉肌群訓練

在此稍微分享一下筆者最近對肩旋轉肌群之訓練的感想。

芬蘭視為國技的「擲標槍」備受歡迎，加上競賽能力超群的競賽選手輩出而聞名遐邇，其訓練的巧思也獨樹一格。

比方說，芬蘭的擲標槍競賽選手所採用的專門加強手段中，含括了在肩關節外展姿勢下對肩旋轉肌群施加巨大的負荷。此法與其說是選擇性地動員肩旋轉肌群，其實是在接近實際投擲姿勢的情況下，讓深層與淺層的肌肉同時強勁地收縮，而且是以強勁的離心收縮為目標。

單看這個案例也能逐漸感受到，我們有必要再次重視這個關乎投擲表現的肩旋轉肌群之作用。

圖3是所有手段中，在競賽選手之間傳承了至少數十年的訓練方式，其目的

圖3　芬蘭擲標槍競賽選手的肩關節訓練

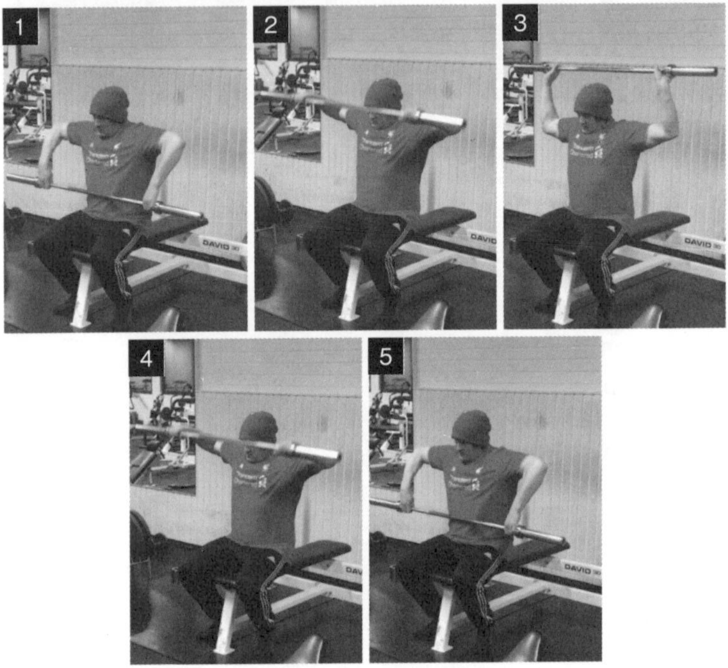

在①的姿勢中，肌肉已經處於活動狀態。經過②來到③的姿勢，可看出肩關節不單純只是處於外旋外展姿勢，而是意識著投擲動作而採取挺起胸膛的姿勢。④～⑤花不到2秒進行，目的在於讓涉及外旋的肌群進行離心收縮。與其說是選擇性地動員肩旋轉肌群，其實這些動作都格外留意著實際競賽中的動作、姿勢，以及施加巨大負荷的場面（Kimmo Kinnunen提供）。

是在單純保持肩關節90°外展姿勢的狀態下，達到強勁又大幅度的外旋。

從選擇性動員肩旋轉肌群的觀點來看，淺層肌肉的參與似乎也不小，加上還以外展姿勢旋轉，旋轉袖的摩擦是避免不了的，所以或許有些讀者會覺得有風險。然而，只要思考一下進行擲標槍主要動作時的肢體位置，就會發現這樣的訓練最接近肩關節負荷變大的狀態，所以十分合理。

訓練的手段有二，一種是選擇性鎖定能達到良好效果的肌肉來進行，另一種則是意識著施加巨大負荷的情境，在真正想強化的肢體位置，逐步對目標動作施加刺激。效果應該也會因為是否有受傷、競賽級別或是項目特性而有所不同，不過最理想的便是，無論採用哪一種方式都能因應狀況來加以活用。

訓練的手段有二，
一種是選擇性鎖定能達到良好效果的肌肉來進行，
另一種則是意識著施加巨大負荷的情境，
在真正想強化的肢體位置，逐步對目標動作施加刺激。

Chapter 7

關於深層肌肉

關於深層肌肉 其1

—維持關節穩定的肌肉之作用—

「深層肌肉」在訓練的世界裡長年備受矚目，不過最近不光是運動相關人員，應該不少人都聽過這個名稱，探討肩關節與軀幹肌群的機會也愈來愈多。

那麼，這個深層肌肉究竟是什麼樣的肌肉呢？

Spurt muscle與Shunt muscle

在進入正題之前，我想稍微談點其他的。說起來，肌肉本來就是為了讓身體動起來而存在，是既複雜又柔軟的致動器（轉換成運動動能之物）。然而，肌肉的構造並不像配置在機器人關節上的馬達般會直接產生旋轉，而是透過收縮、沿著肌肉直線性地發揮張力，這種構造必然也會產生不會直接作用於關節運動的力量。

關於這一點，我舉一個淺顯易懂的案例來談談「Spurt muscle（衝刺肌）」與「Shunt muscle（分流肌）」的差異。這裡試著以將前臂往上臂方向移動的肘關節屈肌為例來說明（圖1）。

彎曲肘關節的肌肉有好幾條，最有名的當屬肱二頭肌。這條肌肉有兩個頭，起始於肩胛骨，肌腹配置於上臂的前面，終止於前臂的橈骨。以肌肉塊來說是很顯眼的存在。

與這條肌肉相對照的肱橈肌則是毫不起眼的肌肉。這條肌肉起始於肱骨的遠端部位，肌腹的大部分都沿著前臂的橈骨配置於掌側（掌心那側），終止於橈骨。有時也會因其配置而誤以為是腕關節（手腕）的屈肌，但其實並未跨越腕關節，是不折不扣的手肘屈肌。

以立正姿勢將位於體側的肘關節屈曲90°，擺出「掌心相對向前看齊」的姿勢。此時是呈手背朝外、拇指朝上的狀態。以這個姿勢持續對手施加阻力並試著屈曲肘關節，便可確認在前臂的掌側、橈側出現圓錐狀的隆起，此即肱橈肌的肌腹。

這些肌肉是跨越肘關節的屈肌，但是各自發揮的張力在細節上略有不同。換

圖1　Spurt Muscle與Shunt Muscle

往固定不動的上臂方向移動前臂時，肱二頭肌（Spurt Muscle）的張力與前臂垂直相交，擺盪前臂的成分（Sw）較大。對照之下，肱橈肌（Shunt Muscle）的張力與前臂平行，將前臂往肱骨方向拉攏的成分（Cp）較大。

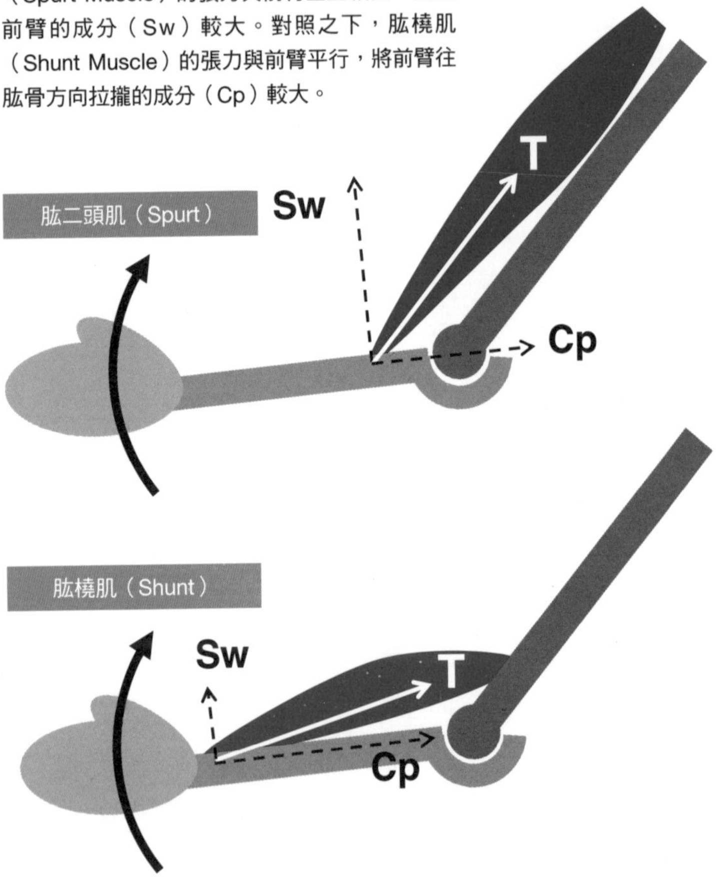

言之，可以分解成與前臂長軸平行的成分，以及與前臂長軸垂直相交的成分。

試著這樣比較便會發現，肱二頭肌與前臂垂直相交的成分（Sw）較大，而肱橈肌與前臂平行的成分（Gp）較大。

MacConaill（1977，1978）根據這樣的案例，將活動前臂時的手肘屈肌分類為二，具備如肱二頭肌之特性的肌肉為Spurt muscle，具備如肱橈肌之特性的肌肉則為Shunt muscle。考慮到要讓前臂往固定的上臂方向運動，肱二頭肌的構造能夠使出大量有利於前臂擺盪（swing）的成分。另一方面，肱橈肌的構造則是讓前臂的關節面往上臂按壓，有利於穩定擺動的前臂。

像這樣配置多條具備相同作用的肌肉，便可以讓關節在各種姿勢或出力狀況中保持穩定並發揮作用。我認為在思考深層肌肉的作用時，像這樣一邊想像其動作與周圍肌群的參與狀況，一邊進行分析，能更深入理解肌肉張力的效果。

配置多條具備相同作用的肌肉，便可讓關節在各種姿勢或出力狀況中保持穩定並發揮作用。

肩膀的深層肌肉

深層肌肉應該是在與肩關節（盂肱關節）相關的內容中，首次被提出作為訓練的關鍵字。按教科書的說法，棘上肌、棘下肌、小圓肌與肩胛下肌這四條起始於肩胛骨、終止於肱骨的肌肉，合稱為深層肌肉（又稱旋轉肌袖、旋轉肌群、肩旋轉肌群），在訓練中也格外受到矚目。相對於此，位於關節更外側、善於使出較大力量的肌群，因為與深層肌肉形成對比，故有淺層肌群之稱（參照〈關於肩膀4-5〉）。

本書也已經探討過「關節的穩定」，這個問題往往會在討論深層肌肉時成為話題。關節讓我們的身體有了高度自由，可進行複雜的運動。另一方面，獲得高度自由的背後，必然會發生結構上的不穩定。關節可實現的可動範圍愈大，確保穩定性的問題也會愈大。

肩關節是可動範圍較大的代表性關節，確保此關節穩定的結構極其完善。在這種穩定結構中，肌肉的參與可說是擔任了格外重大的任務。

關於深層肌肉，不妨試著進行前述的肌肉張力成分分析。只要每條肌肉都發揮張力，便會造成關節旋轉，同時也會產生一股將肱骨頭往肩胛骨的關節盂拉攏的力量。大肌群（Outer muscle）以龐大的力量作用於廣泛的運動範圍，而這些深層肌群也會隨之共同運作，在運動中維持肱骨頭的向心位置時，這點便成了決定性的主要因素。

只要適當地控制肌肉，產生的作用即能承受加諸於肩關節的重負，但是原本協調的控制一旦出現異常，或是陷入肌力不足的狀態，那麼圍繞關節的其他支撐結構等便會由此生出各種不良狀況。

實際上，肩關節可說是運動中發生受傷頻率較高的關節，在那些傷害中，很多問題的原因都在於深層肌肉的功能異常，深層肌肉本身的損傷所引發的問

肌肉為張力與黏彈性可變的關節支撐結構。
只要控制得宜，
產生的作用即能承受加諸於肩關節的重負，
但是原本協調的控制一旦出現異常，
或是陷入肌力不足的狀態，
那麼圍繞關節的其他支撐結構等
便會由此生出各種不良狀況。

題也不在少數，必須格外注意。

造成肩關節疼痛的極端姿勢

這裡不妨以肩關節的極端姿勢為題，再稍微思考一下肌肉的功能以及受傷是如何發生的。

棘上肌在外展姿勢仍會確保「拉攏」關節的張力成分，這點前面已經說過了。那麼，肩關節在實際的運動中都是採取什麼樣的姿勢呢？

圖2是在所謂上肩投法的加速狀態下的肩關節。深層肌肉（肩旋轉肌群、旋轉肌群）的配置包覆著肱骨頭，在這類外展或外旋的姿勢中也會發揮功能，抵抗巨大的外力並將骨頭往關節盂拉攏。然而，由圖可知，因為肩關節這種可動性較大的特性，肩關節周邊的狹窄空間內密集了許多活動並守護關節的重要結構體。深層肌肉包覆肱骨（hum）的那一區，剛好會摩擦到肩胛骨的肩峰（ac），以及連接肩峰與喙突（co）之間的韌帶附近。

實際上，肩峰的正下方也有滑液囊，位於肩峰與肱骨之間的結構體則處於夾

圖2　上肩投法之肩外旋姿勢與深層肌肉的示意圖

肩關節（盂肱關節）在淺層肌肉的龐大張力，及外旋（a）或水平伸展（b）的壓力下，仍會確保關節的向心力（向心位置），具備守護關節的重要功能，但是重要的構造皆集中於狹窄的空間，所以也是容易發生傷害的部位。

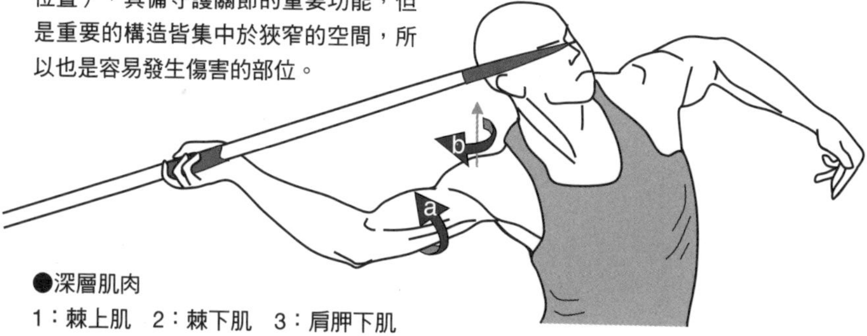

●深層肌肉

1：棘上肌　2：棘下肌　3：肩胛下肌

●淺層肌肉

4：胸大肌　5：背闊肌　6：三角肌

Hum：肱骨、cl：鎖骨、
ac：肩峰、co：喙突

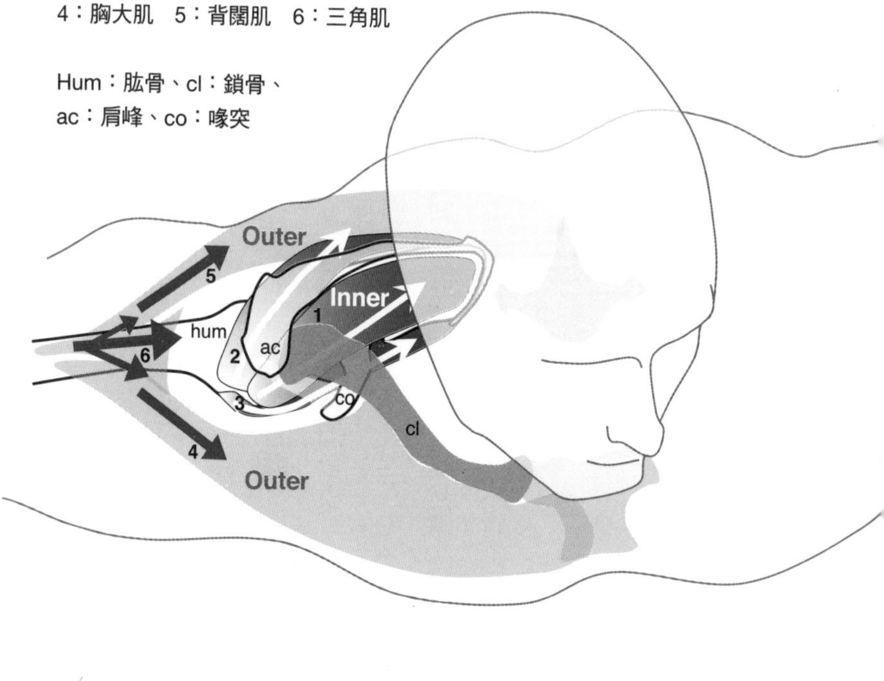

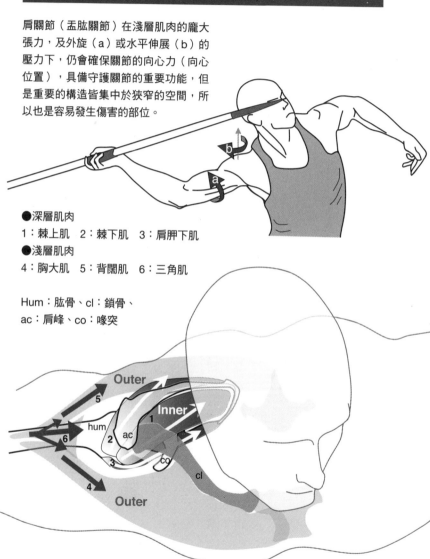

在兩者之間彼此碰撞的狀態。這是大家熟知的肩關節夾擠（衝突），會導致深層肌肉損傷。

這種夾擠也包含了肱二頭肌的長頭在肩峰下方的摩擦，以及深層肌肉的關節內側夾在關節盂與肱骨頭之間所引起的「關節內夾擠」。在這樣的姿勢中，肱骨頭似乎承受著往前衝出去的壓力。棘上肌與肩胛下肌之間名為肩袖間隙的關節囊，是深層肌肉守護較薄弱的部位，而實際上這種夾擠的壓力似乎也很常對其施加負擔，導致肩關節疼痛。

棘下肌極其緊繃時，有時會在動作中強烈感受到肩關節前側的壓力。雖然筆者曾經透過棘下肌的拉伸讓肩關節的向心得以改善，但總覺得肩關節的穩定並不單純是鬆弛或僵硬的問題，每一個環節的平衡都影響甚鉅。

關於深層肌肉 其2

─軀幹的深層肌肉─

前一節已經透過「Spurt muscle」與「Shunt muscle」的討論，介紹了讓關節維持穩定的肌肉的作用。還進一步討論了關節的深層肌肉，尤其以探討機會甚多的肩關節案例為主，做了一番論述。本節想來討論軀幹的深層肌肉，軀幹的深層肌肉最近備受矚目，不對，要說如今已經變得很普及也不為過。

在軀幹肌群的相關記述當中，可以看到許多例子將肌肉的功能解剖學特徵比擬為肩關節，特徵相當於肩關節淺層肌肉的稱為「整體性肌肉（global muscle）」，相當於深層肌肉的稱為「局部性肌肉（local muscle）」。甚至出於方便或因為功能上的含意，這種局部性肌肉很多時候就稱為深層肌肉。

然而，軀幹（這裡特指腰部）因為關節的形狀等因素，深層與淺層的區別並不如肩關節那般容易辨識。肩關節的肌群配置較容易理解，軀幹肌群則有所不同，思考其功能上的特徵來一步步理解應該會比較好懂。

局部性肌群（Local System）與整體性肌群（Global System）

肩關節是可以在較大可動範圍內運動的球窩關節，而連結腰椎與腰椎的關節則有所不同，是由兩種連結所構成：在椎骨之間、屬於軟骨結構的「椎間盤」，以及屬於滑液關節的「小面關節（Facet Joints）」。說到腰椎之間的連結，可動範圍並不像肩關節那麼大。另一方面，腰椎在日常中支撐著龐大的負載，所以在時刻承受負載的狀態中，局部的排列異常或不穩定，有時會有造成極其嚴重的傷害或功能障礙的危險性。讓我們試著從肌群的配置來觀察具備這種特性的腰部吧。

圖1是透過極其單純的示意圖來標示軀幹肌群。根據Bergmark（1989）的說法，就如這張圖所看到的，起始・終止（或是兩者）皆位於腰椎……也就是直接附著於腰椎的肌群（A）稱為Local System，相對的，起始於骨盆並終止於胸廓

的肌群（B）則稱為Global System。

每個肌群需求的功能性作用各有不同，這點應該並不難想像，但是具體來說有哪些差異呢？接下來我想針對所謂的局部性肌群Local System及所謂的整體性肌群Global System來逐步討論。

具體來說，局部性肌肉有〈腹橫肌／多裂肌／腹內斜肌（胸腰筋膜的附著部位）／棘間肌／橫突間肌／腰方肌的內側纖維／部分豎脊肌等〉（從腰椎至股骨的腰大肌、從腰部腱膜至肱骨的背闊肌除外）。

一般來說，多裂肌與腹橫肌較便於調查且易於理解，所以很常看到將這兩條肌肉作為局部性肌肉（深層肌肉）的代表來探討，但是如前所述，很多肌肉都符合此範疇。實際上，這些肌群的特徵在於會參與腰椎與腰椎之間的控制，屬於位於深層且較小條的肌肉。

直接附著於腰椎的肌群
稱為Local System，
相對的，起始於骨盆並終止於胸廓的肌群
稱為Global System。

圖1　A：局部性肌群（Local System）與
B：整體性肌群（Global System）

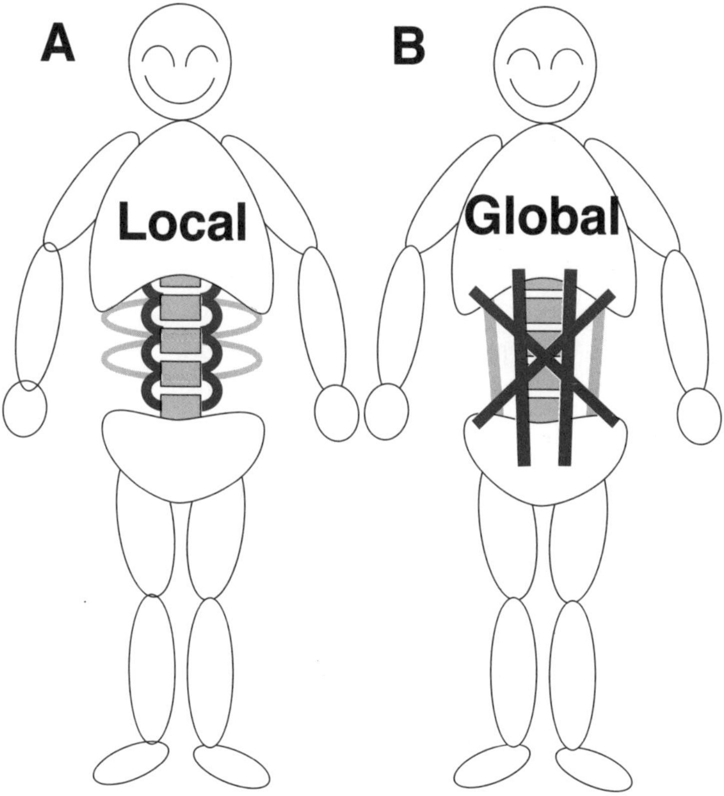

A：多裂肌與腹橫肌等，附著於脊椎上、發揮穩定脊柱作用的肌群
B：腹直肌、腹斜肌與豎脊肌的表層等，連結骨盆與胸廓，涉及大幅度運動的肌群

相對於此，整體性肌肉則有〈腹直肌／腹外斜肌／腹內斜肌／腰方肌的外側纖維／部分豎脊肌等〉。這些肌群的特徵在於位於表層、動作範圍較大且出力也比較大。

在多裂肌上看到的局部性肌肉之作用

讓我們用多裂肌為例來思考局部性肌肉的功能性特徵吧。多裂肌在橫截面圖（圖2）中是附著於腰椎棘突旁邊、肌束構成較短的肌肉。雖然也會因為部位或深度而異，但大致上的構造是連結下方肋突（橫突）與上方棘突，分類在所謂的橫突棘肌群中（圖3）。最下方也有起始於骶骨的肌束。

從配置來看便一目了然，這條肌肉作用於椎骨間的旋轉、伸展與側屈，不過有報告指出，這條肌肉的張力最為強勁，可以維持腰椎椎間的穩定（Wilke et al., 1995）。對於這項事實，根本無須驚訝，從這條肌肉的配置與構造來看，可說是不言自明。目前仍在調查如何透過刺激連接棘突之間的棘上韌帶，來誘發多裂肌的肌肉活動，由此亦可窺知這條肌肉的功能性作用。

圖2　腰部橫截面的示意圖

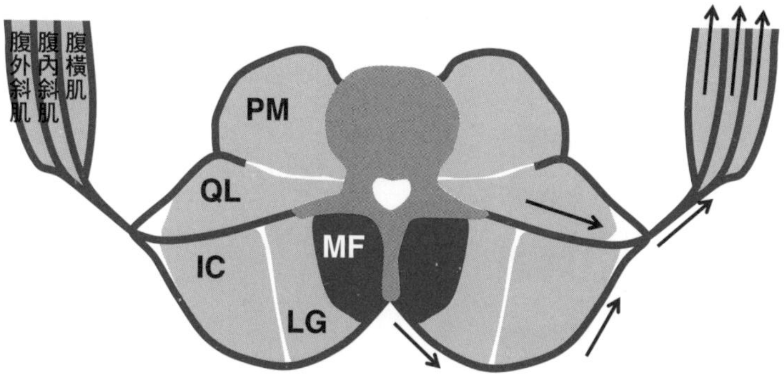

◆MF：多裂肌、LG：最長肌、PM：腰大肌、QL：腰方肌、IC：髂肋肌
◆圖中的→：以示意圖標示出對胸腰筋膜的張力傳遞。
●腹壁的肌群（腹橫肌、腹內斜肌、腹外斜肌、腹直肌）的張力，是經由腰背筋膜對脊柱的穩定做出貢獻。
●多裂肌是配置於離腰椎的小面關節最近的位置，對椎間的穩定有直接的貢獻。

圖3　標示多裂肌走向的示意圖

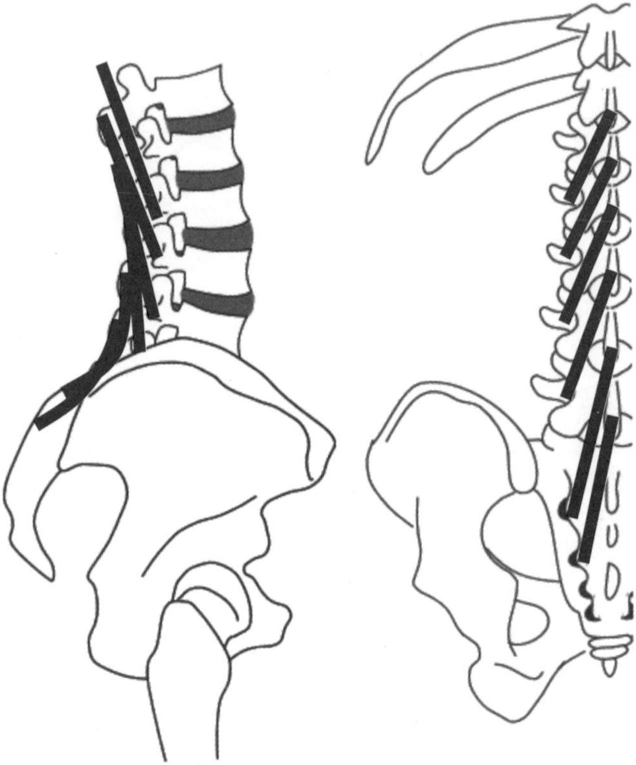

●起始於骶骨、腰椎肋突並連結上方棘突的橫突棘肌。
●實際上如其名所示，是由更多的肌束所構成。

不僅如此，一般認為這條肌肉中還以高密度配置了肌肉長度與伸張速度的感應器「肌梭」。從多裂肌的例子來看，應該可以這麼斷言：局部性肌肉不僅具備作為椎間穩定裝置的功能，還同時肩負收集關節位移資訊的任務。

從這樣的角度來看，進行以預防傷害或復健為目的的訓練之際，為了提高作為穩定裝置的出力，除了採用提升肌力的方式外，應該也有必要積極加入一些負荷雖輕、卻相當於肌肉知覺訓練的輕度運動或拉伸動作等。

尤其是腰部負傷之際，有時也會接到「腹肌的訓練要確實，但背肌要休息」之類的指示。小面關節損傷嚴重的情況下，有時確實不得不避免腰椎的伸展等。然而若非這樣的情況，我認為在方法上費點工夫，對多裂肌或涉及腰部穩定的豎脊肌、腰方肌等施以適當的刺激是很重要的。為了維持腰椎的穩定，就應該直接訓練連結腰椎之間的肌肉。也有一些訓練看似極其自然，卻受到一般見解或是成見的影響，並未深思熟慮就刻意迴避。

不光是腹橫肌！
Draw-in（縮腹）與Bracing（繃緊）

腹部前面以位於表層的腹直肌最有名，側腹壁的肌群從表層往內分別是腹外斜肌、腹內斜肌，而最深層之處則是腹橫肌。這些肌群當中又以腹橫肌作為局部性肌肉而格外受矚目。

的確，腹橫肌擅長所謂的Draw-in（縮腹），即縮緊腹部以求穩定軀幹的動作，就連配置也是三條肌肉中位於最深層的，因此容易被當作「深層肌肉」提出來討論。

相對於腹橫肌，腹斜肌群在肋骨與骨盆的附著面積較大，比起維持腰椎的穩定，更常被提及的印象應該是「帶動胸廓的肌肉」。以功能性來說這點無庸置疑。然而另一方面，確認其與腰椎、腰部肌群和胸腰筋膜之間的關係後，又能夠有另一番見解。

請看圖2的腰部截面圖。雖然這三條肌肉的走向（無法在圖面上顯示出來）

方向各異，但都在腹側腹直肌的深層處與廣泛的腱膜合而為一，也在背側與胸腰筋膜會合，包覆腰部的肌群，最終抵達腰椎。從這張圖可得知，包覆側腹壁三條肌肉的腱膜，與腰椎有著物理性的連結。

如此看來，腹壁的肌群也是經由筋膜將其張力作用於腰椎上。我認為每條肌肉的走向（亦即張力發揮的方向）各有不同，能為腰部帶來剛性，足以承受來自各個方向的負荷。

Bracing（繃緊）是由含括腹直肌與橫膈膜在內的所有腹部肌群發揮作用來鞏固腹部，也有人認為，Bracing比選擇性收縮腹橫肌的Draw-in更能提高腰部的穩定性，關於腹部肌群對腰部穩定所帶來的影響，似乎不能只聚焦於腹橫肌，必須更深入思考才行。

關於腹部肌群
對腰部穩定所帶來的影響，
不能只聚焦於腹橫肌，
必須更深入思考才行。

Chapter 8

關於其他肌肉、關節與骨骼

關於手與腕關節

人類的手擁有精妙的控制力

我們人類的手具備抓物、按壓、捏起、支撐身體等連結物體與身體的介面功能。從用筆尖在米粒上寫字，乃至於往上揮動保齡球使之旋轉等，各種時候的出力大小會依目的而異。

不僅如此，手還具備表達感情、展示溝通用信號之類的功能，手語便是典型的例子。實際上，手語除了手與手指的動作外，還伴隨著上肢的動作，據說其詞彙量竟超過一萬個字（新・日語—手語辭典）。能夠以可識別的形式來表現如此龐大的資訊，可說大部分都是多虧於手的精妙控制。手部控制的自由度之高，可以展現出微妙的姿勢差異，甚至還被形容為「手的表情」。用腳似乎就很難辦到這種程度的絕技。

一般認為，以功能性來說，人類的手在靈長類中也算特殊。尤其是拇指（大拇指）的特徵是長而靈巧，拇指的CM關節（腕掌關節，掌骨與腕骨之間的關節）擁有含旋轉在內的龐大可動性，拇指與手掌（掌心）內的肌群明顯相當發達。

涉及拇指的肌群中還有伸拇短肌與屈拇長肌，是人類才有的肌肉，人類之所以可以單獨彎曲拇指末節而不動到其他手指，正是這些肌肉的作用（本間與坂井，1992）。如果人類以外的靈長類試圖彎曲拇指末節，會發生什麼事呢？實際上連其他手指也會一起彎曲。這和我們的腳所發生的狀況是一樣的（本間與坂井，1992）。人類很擅長讓拇指與其他手指相對的「拇指對向」動作，不過猿猴以上的層級似乎都辦得到。

肌群的構成（外在肌與內在肌）

掌管手部運動的肌肉中，涉及較大動作或較大出力的肌肉主要是從前臂延伸至手部。起始於手肘內側的骨骼隆起「肱骨內側上髁」的肌群有手腕、手指的屈肌與旋前肌（圖1：前臂屈肌群）。另一方面，起始於外側上髁的肌群主要有手腕與手指的伸肌（圖2：前臂伸肌群）。這些肌肉在肘關節附近有肌腹，除了旋前圓肌與肱橈肌等部分肌肉外，都有條長長的肌腱延伸至手部。

在握拳狀態下彎曲手腕（腕關節）即稱為掌屈（往掌心側屈曲）。這麼一來便可在手腕掌側中央處看到掌長肌的肌腱明顯突起。這條肌腱之所以為人所知，是因為一般會運用於重建投球傷害中常見的肘關節內側副韌帶損傷，但是有報告指出，5％左右的日本人有掌長肌缺失（高藤等人，1985）。

這條肌腱的內側（拇指側）有條彎曲手指的屈指淺肌的肌腱，只要摸著這個部位反覆「石頭、布」的猜拳動作，便可清楚了解皮膚正下方屈指淺肌腱順暢滑動的模樣。

不僅如此，更內側還有條橈側屈腕肌的肌腱，掌長肌肌腱的外側（小指側）則有條尺側屈腕肌的肌腱。彎曲手腕（腕關節）時，可以摸到這兩條屈腕肌肌腱突然緊繃起來的樣子。

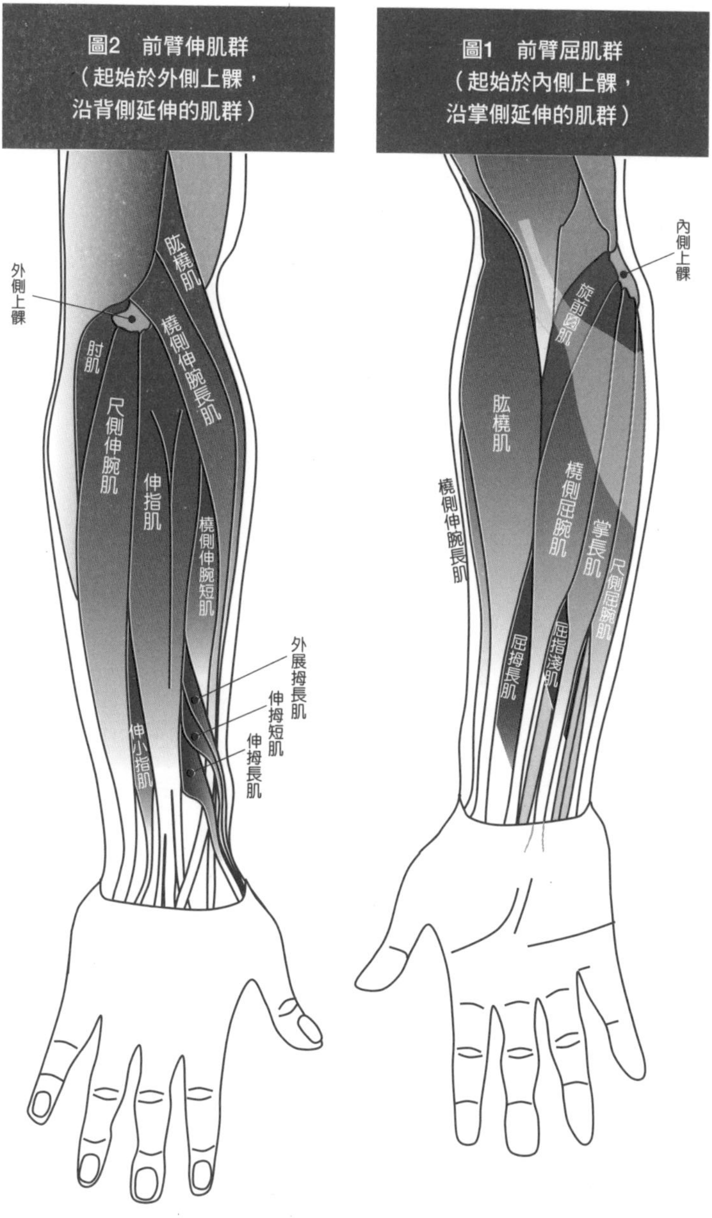
圖2 前臂伸肌群
（起始於外側上髁，
沿背側延伸的肌群）
外側上髁
肱橈肌
橈側伸腕長肌
肘肌
尺側伸腕肌
伸指肌
橈側伸腕短肌
外展拇長肌
伸拇短肌
伸拇長肌
伸小指肌
圖1 前臂屈肌群
（起始於內側上髁，
沿掌側延伸的肌群）
內側上髁
旋前圓肌
肱橈肌
橈側伸腕長肌
橈側屈腕肌
掌長肌
尺側屈腕肌
屈指淺肌
屈拇長肌

握拳的穴道

改變掌心的形狀或者是微妙地控制手指，都是手中的肌肉（內在肌）發揮了重要的作用，而控制手指彎曲或伸展的多條肌肉，則是始自前臂、伴隨著長長的肌腱進入手部的「外在肌」。在手部放鬆的狀態下，試著用另一隻手的拇指緊握前臂掌側遠端1／3處，手指就會自己動起來（圖3）。

這是因為受到外在肌的屈肌腱（主要是屈指淺肌）拉引。從舉手向前看齊的姿勢將掌心朝下，再立起手腕（背屈腕關節），手指就會握起來。這不單是重力的影響，也是受到從前臂延伸至手指的肌群肌腱拉引所致。

麻雀與烏鴉便是利用這種結構停棲於樹枝上。牠們的腳趾屈肌似乎設定得比人類還要緊，在承載體重的狀態下背屈腳趾中心附近的關節（正確來說不是腳踝，而是以人體來說跗骨與脛骨的關節），就會受到屈肌腱拉引而握起腳趾，甚至可以穩定地停在樹上入睡。

圖3 握拳的穴道

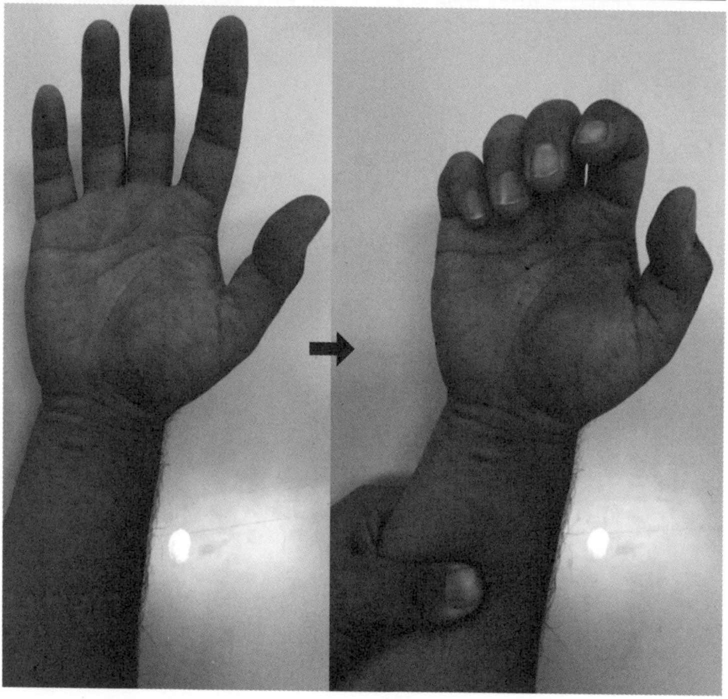

按壓手指的屈肌腱，手指就會受到拉引而屈曲。

揮彈動作

使勁施力於物體並將之拋向空中時，或是往地面施力讓身體騰空時，經常可以看到手與腕關節涉及「揮彈」物體的動作。比如投球或擲出鉛球之類的動作，或是在體操競賽中常見的翻筋斗等運動場景。手天生就具備精妙的控制力，亦可使出相當龐大的力量。

如前所述，在這類場景中，「外在肌」會加大干預。從前臂延伸至手部的肌群，其特徵為集中於肘關節側的肌腹與長長的肌腱。想必是在這條長長的肌腱中累積龐大的彈性能來運用。

圖4以示意圖標示出棒球的拋球動作。由此可知，在拋出球不久前的狀態中，透過示意圖中所標示的手指屈肌收縮與手指被動性伸展，讓手指的屈肌腱產生了巨大的伸展；在拋球的階段，累積於這條肌腱中的彈性能會把球彈出，到了投擲後期（Follow-through），手指會呈屈曲狀態。換言之，在這樣的投擲動作中，球並非從手中拋離，而是被彈出去的。

使用伸肌側的這種動作又稱為「彈指」等。以食指進行彈指動作時，請務必比較看看「以拇指扣住，處於預備緊繃狀態來進行（圖5a）」與「未以拇指扣住來進行（圖5b）」這兩種狀況。儘管是以同一條肌肉、同一種動作來進行，卻可感受到速度與力道有著驚人的差異。

造成這種出力差異的主要原因有多種可能。最常提出的論點是「是否有在肌腱組織中累積彈性能」。這種想法認

手天生就具備精妙的控制力，
亦可使出相當龐大的力量。

圖4　在上肩投法中
拋出球前後的手指屈肌活動示意圖

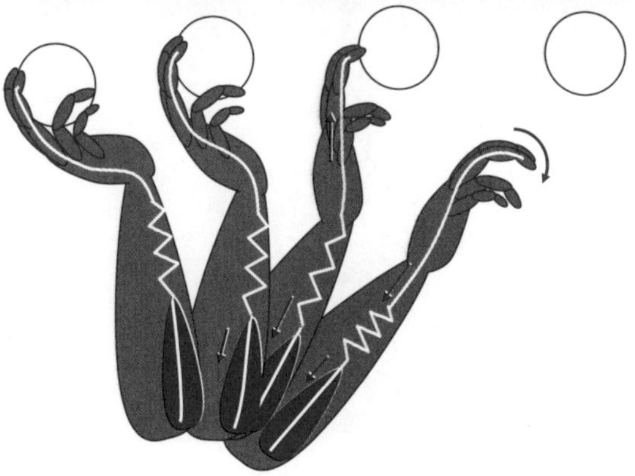

利用累積於肌腱中的彈性能，把球彈出。

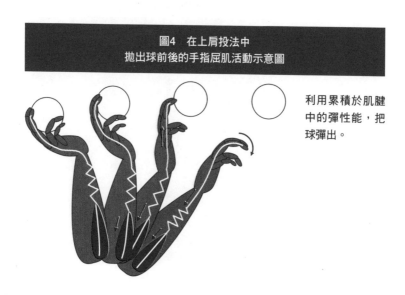

圖5　以伸肌進行彈指

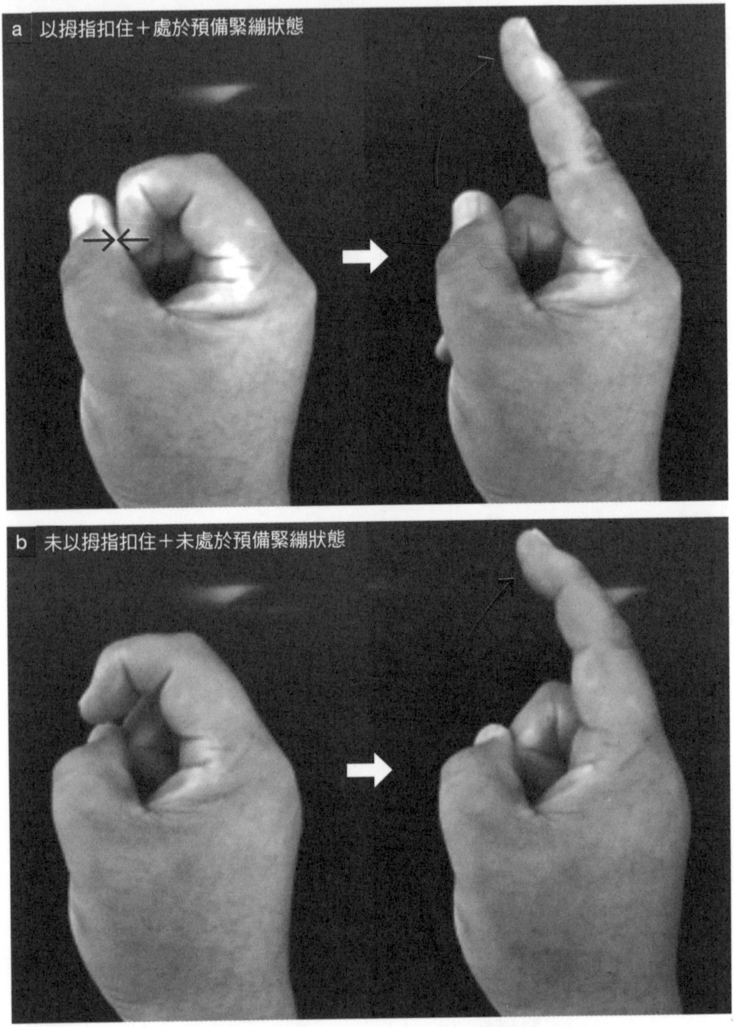

以拇指扣住並處於預備緊繃狀態，藉此讓食指的伸展更具爆發力。

為，用拇指扣住的情況下，在食指開始伸展時，應該早已提高食指伸肌腱的張力，不僅如此，還透過伸展累積了彈性能。

另有一種想法從截然不同的角度切入，認為處於預備緊繃狀態的食指，伸肌中發生了「強直後增強」（PTP：Post Tetanic Potentiation）現象，因此肌肉已具備收縮要素，提高了使力的強度。說起來，從未處於預備緊繃的b狀態來進行食指伸展時，肌腱與收縮要素皆處於「鬆弛」狀態（muscle slack），剛開始的肌肉活動（即肌肉收縮）應該就是耗費在消除這種鬆弛狀態。考慮到這些，就不難想像用拇指扣住所帶來的各種效果了。這種彈指動作在日常中並沒有那麼頻繁地使用，但若將之視為其他部位所發生的狀況的簡化模型，對各種動作的看法或許會有所不同。

如果光是藉著肌肉之間互相作用就能做到這個動作（未用拇指扣住也能做到爆發性的彈指動作），或許可成為瞬間爆發力達人。不過請千萬不要對著別人嘗試這種彈指的威力。

關於咬肌

冷不防咬到舌頭或臉頰

大家應該都曾咬到自己的舌頭或臉頰吧？咬到後不光痛得要命，連食物的滋味都大打折扣，著實可恨呀。

我們平常並不會意識到咬東西的牙齒和從旁輔助的舌頭或臉頰這兩者之間的關係，當口腔內沒有食物時，幾乎不會發生咬到舌頭或臉頰的狀況。那麼究竟是在什麼樣的情況下才會發生這種事呢？

依筆者的經驗，似乎都是發生在想更仔細品嚐美味的食物，而用異於往常的方式操作舌頭時，或是在同樣的情況下，用異於往常的方式控制食物動向時。

我試著訪問了周遭的人，有些人的答案和筆者一樣，也有人回答「邊吃邊打算講話的時候」、「因為口腔炎而突起的部位很容易咬到」，還有「之前咬到的地方還沒好，又咬到了」之類的例子。

在咀嚼時舌頭或臉頰會避開牙齒來運動，這樣的狀況已經高度自動化，平常幾乎不會意識到其狀態。因此，些微的狀況變化、做出異於平常狀態的變形或是勉強執行雙重任務，在這些狀況下就會出現控制問題。

與咀嚼相關的肌群

在我們的日常生活中，除了支撐體重與移動運動外，咀嚼是能產生最大力量的機會之一。中村等人（2018）的報告中介紹了好幾項研究成果，可看到很多份報告指出，成年男性的咬合力超過800N，女性雖然稍微低於男性，仍超過800N。

與咀嚼相關的肌群中，較具代表性的便是咬肌、顳肌與翼突肌群。這些肌群在咀嚼以外的情境中也會發揮巨大的肌力或維持姿勢，在伴隨精神緊張的「咬緊牙根」狀態中也會發揮龐大的張力。

與咀嚼相關的肌肉，尤其是閉口肌中，最為人所知的應該是咬肌與顳肌。咬肌起始於顴骨（顴骨弓），附著於下頜骨（圖1）。咬緊牙齒或咀嚼食物時，從下頜後方的臼齒外面再往後，可以摸到這條肌肉圓弧狀的巨大隆起。咬肌會用強大的張力拉抬下頜骨。

顳肌起始於顳部，附著於下頜骨如劍般突出的巨大冠突（圖2）。以顳部（太陽穴）為中心的廣泛範圍會隨著牙齒緊咬而動作，可以摸到此處變硬，這是顳肌收縮造成的。這條肌肉也會和咬肌一起發揮強大的張力上提下頜骨，所以是「咬合力」的主要來源。

平常不太被意識到的翼突肌群之功用

由外側翼突肌（翼外肌）與內側翼突肌（翼內肌）所構成的翼突肌群（圖3、4），在咬肌之中較少被注意

與咀嚼相關的肌群中
較具代表性的便是咬肌、顳肌與翼突肌群。
這些肌群在咀嚼以外的情境中
也會發揮巨大的肌力或維持姿勢，
在伴隨精神緊張的「咬緊牙根」狀態中
也會發揮龐大的張力。

圖1 咬肌

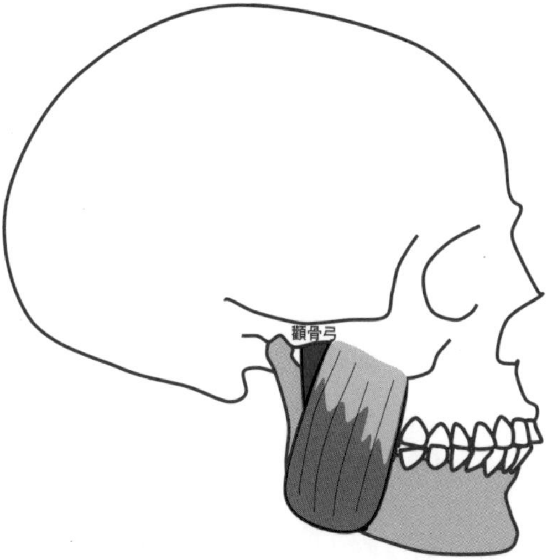

起始於顴骨（顴骨弓）、附著於下頜骨，是最強勁的閉口肌之一。可輕易在皮下摸到肌腹。

圖2 顳肌

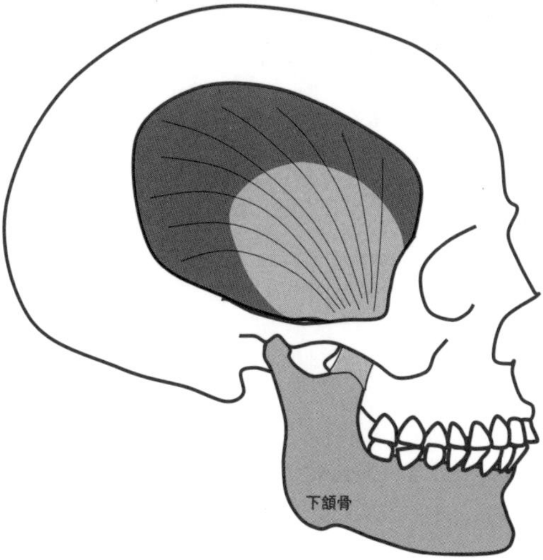

起始於顳部、附著於下頜骨冠突，是最強勁的閉口肌之一。可輕易從體表摸到肌腹。

到其存在。

外側翼突肌起始於顴骨弓的更深處、蝶骨翼突周邊，終止於下頜骨的顳顎關節附近部位與顳顎關節的關節盤。具備的作用主要是將下頜骨往前方拉引、推出。

內側翼突肌則是起始於頭蓋骨的蝶骨，終止於下頜骨的內側面。位於咬肌深處、隔著下頜骨再往內的內側面。為閉口肌之一，具備輔助咬肌與顳肌、上提下頜的作用。

與此同時，起始點位於頭蓋正中央附近的單邊內側翼突肌，會為了拉近位於下頜的附著部位，而把下頜往另一邊移動。與用臼齒磨碎食物之類的動作密切相關。各位可能因為這條肌肉位於深處而認為「這條肌肉應該摸不到吧」，但其實摸得到喔，請試著摸摸看。

只要往舌根方向逐步觸摸下頜骨的內側即可摸到肌腹。先把手指伸入嘴裡去觸摸臼齒的內側。一邊摸著牙齦，一邊讓手指確實伸至深處，指尖便可摸到內側翼突肌的肌腹（圖3-①標示的點）。感覺剛好夾著下頜骨，位於咬肌的內側（請參考圖3）。

圖3 翼突肌群

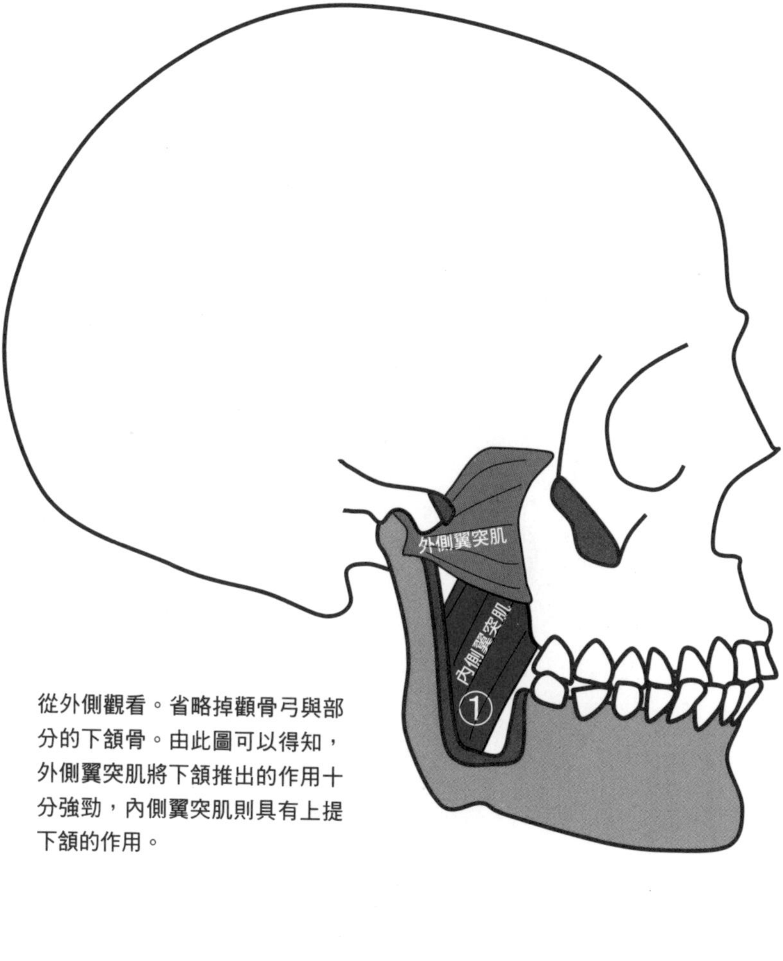

從外側觀看。省略掉顴骨弓與部分的下頜骨。由此圖可以得知，外側翼突肌將下頜推出的作用十分強勁，內側翼突肌則具有上提下頜的作用。

圖4　翼突肌群與咬肌、顳肌

從背側觀看的示意圖。由此圖可以得知，翼突肌群具有左右移動下頜的作用。

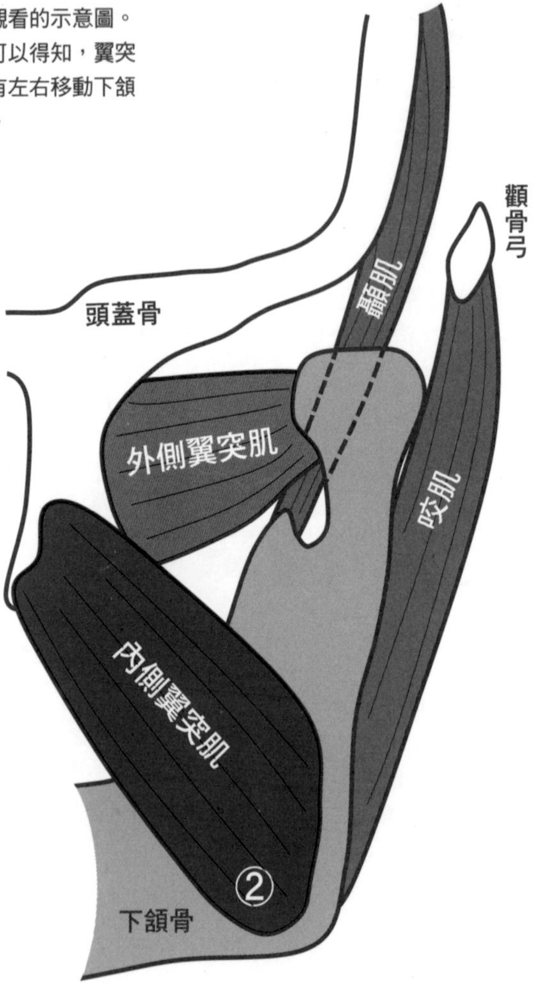

試著左右移動下頷骨（此舉意外地難），即可摸到肌肉的收縮。然而，這時會碰觸到舌頭，所以敏感的人必須忍耐嘔吐反射。另有一種方法是將手指伸入下頷角附近（即所謂的「顎骨」一帶），觸摸皮下處，不過或許會有點痛（圖4-②標示的點）。

舌頭與臉頰的動作也是關鍵要素

強勁的咬肌會控制顳顎關節來移動牙齒，但是單靠這種下頷動作是無法順利咀嚼的。為了有效率地咬碎食物、混合唾液並順利吞嚥，舌頭與臉頰的動作亦為關鍵要素。

我們很少有機會意識到臉頰的功用，不過頰肌具有把臉頰往齒列按壓的作用，所以能夠讓往外跑的食物往牙齒的方向集中。人類的臉頰伸縮性絕佳，鼓起臉頰可以暫存食物，再依序供應至口腔——這樣的機制也很合理。

治療牙齒後，臉頰的肌群有時會因為麻醉未退而無法隨心所欲地控制，導致食物或飲料從嘴裡溢出來。在顏面神經麻痺的情況下也會發生一樣的事情。從這樣的案例便可知道，臉頰的功能在無意識中，讓我們的咀嚼順暢無礙。

順帶一提，有嘴唇是哺乳類的一大特徵，這或許是因為嘴唇是為了哺乳（吸吮乳房）的重要構造。再補充一點，人類嬰兒的臉頰裡填滿大量的脂肪組織，這應該也是幫助哺乳的結構。

說個題外話，筆者曾經如字面所述般用飯糰「塞滿臉頰」，並在這樣的狀態下直接戴上全罩式安全帽。如今回想起那次恐怖的體驗仍然會覺得背脊發涼。當臉頰的伸縮範圍受到限制，口腔內的飯糰便頓失移動的空間，結果卡在口腔內動彈不得。在連移動舌頭都很困難的狀況下開始呼吸困難，險些窒息……。

再次拜託大家，就算對此感興趣也千萬不要模仿。

我們很少有機會意識到臉頰的功用，
不過頰肌具有把臉頰
往齒列按壓的作用，
所以能夠讓往外跑的食物
往牙齒的方向集中。

骨骼的成長

經過重塑的骨骼

最近我從足弓至腳跟處每次跑跳時都會感覺到強烈的疼痛，後來漸漸地連站著都覺得不太對勁，於是我到整形外科就診，當時看到拍攝出來的足部X光片嚇了一大跳。

有根尖銳的骨贅（骨刺）從筆者的跟骨處往腳尖的方向突出去。每次踩踏地面時，這根骨贅都會陷入軟組織中，不痛才奇怪。

不過這也顯示出一個事實：骨骼具有可塑性。筆者腳跟上的骨贅並非與生俱來的。骨骼雖然像石頭般堅硬，但是承受足底肌群或肌腱的張力後會增生，結果被補強的骨骼便如尖刺般突出來。正如這個例子所示，骨骼經常因應負荷而不斷改變形狀。

若是觀看成人的骨骼模型，我們的骨骼上其實有許多突起、隆起與粗糙的表面等，可以看出肌腱與韌帶等在活體骨骼上的附著狀態，以及深受其牽引力影響的部位。以隆起、粗隆、轉子、結節、突起、線這些名稱來命名的骨骼部位即屬於這一類。

比方說，膝關節下方、脛骨前面有塊比較明顯的骨骼隆起，這是股四頭肌經由膝蓋韌帶附著之處，稱為脛骨粗隆。因為承受著格外龐大的張力，所以受到刺激而增生的隆起也變得又大又堅實。

同樣的，髖關節的外側有大轉子，是最大的髖外展肌「臀中肌」的附著點。臀大肌在股骨上的附著部位則位於股骨的近端後面，形成骨骼細長的隆起，稱為「臀線（gluteal line）」。像這樣根據張力或負荷有目的性地變化骨骼的形態，即稱為「骨重塑（remodeling）」。

骨骼是如何成形的呢？

前面已經講述了骨重塑，不過最初的骨重塑是如何進行的呢？

我們的身體內在打造骨骼時，大部分的情況都是先形成軟骨的雛形，接著血管進入其中，再透過「成骨細胞」的活動奠定骨骼的基質，骨礦物質便在該處逐漸沉積（也有部分是在鎖骨、頭蓋骨的頂端部位等結締組織中直接打造骨骼）。在那之後，軟骨會漸漸置換成骨骼並逐步成長。

以四肢的長骨為例，成長到某個程度後，骨幹（管狀的長條部位）與骨端（兩端變粗的部位）之間殘留的軟骨「骨端軟骨」，其周遭會有成骨細胞活動，往拉長的方向成長（圖1）。同時，圍繞骨骼周圍的骨膜內側也會有骨骼形成，這裡則是往加粗的方向成長。骨骼的關節面是沒有骨膜的（藤田，2003）。

骨骼的中心處則會透過「破骨細胞」的運作來破壞不需要的骨骼，讓骨髓能進入的空間「骨髓腔」逐漸變大。在壓力較大的部位，成骨細胞的活動會變活躍，不斷增生；反之在負荷較小的部位，由破骨細胞進行的吸收活動會變活躍。

圖1　發育期的長骨（示意圖）

四肢的長骨是由管狀的骨幹與兩端的骨端所構成。發育期可在骨幹與骨端分界部位看到成長軟骨，參與拉長方向的成長（↑）。骨幹周圍則有骨膜包覆，參與加粗方向的成長（⟷）。骨骼的關節面上沒有骨膜。

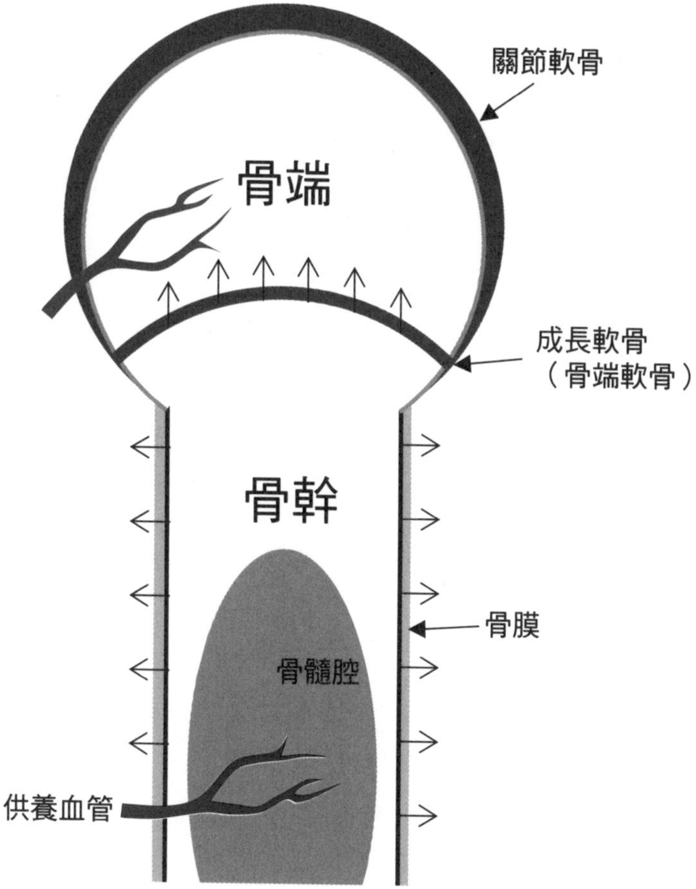

骨骼便是像這樣，因應施加其上的負荷來進行增生與吸收，從原本打造出的形狀逐漸重塑成因應功能性需求的形狀。

奧斯古－謝拉德症

所謂的「成長痛」，是發育期特有的骨骼相關問題，在競賽現場中也被視為麻煩。在專業領域中又稱為「骨端炎」，是與骨端成長部位相關的疾患之一。

其中最為人所知的，便是與發育期的膝下疼痛關係密切的「奧斯古－謝拉德症（Osgood-Schlatter disease）」。有這種疾患的人，主訴症狀是：在日常生活或運動時，膝下的脛骨粗隆周邊會痛。

我們很常聽到，發育期間「肌腱的成長會趕不上骨骼的成長」。這是事實，在骨骼成長旺盛的時期，相對變短的肌腱會逐漸緊繃，對附著部位周邊造成莫大的負擔。圖2以示意圖

骨骼會因應施加其上的負荷
來進行增生與吸收，
從原本打造出的形狀
逐漸重塑成因應功能性需求的形狀。

圖2 骨骼的成長與被拉伸的肌肉

在發育期間，骨骼會急遽往拉長的方向成長，由於速度超過肌肉的成長，因而導致肌肉變得很緊繃。

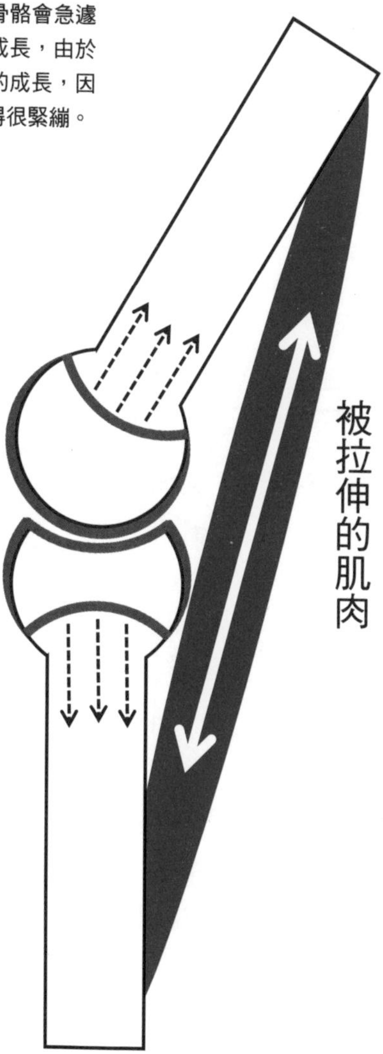

圖3　發育期間的奧斯古-謝拉德症之示意圖

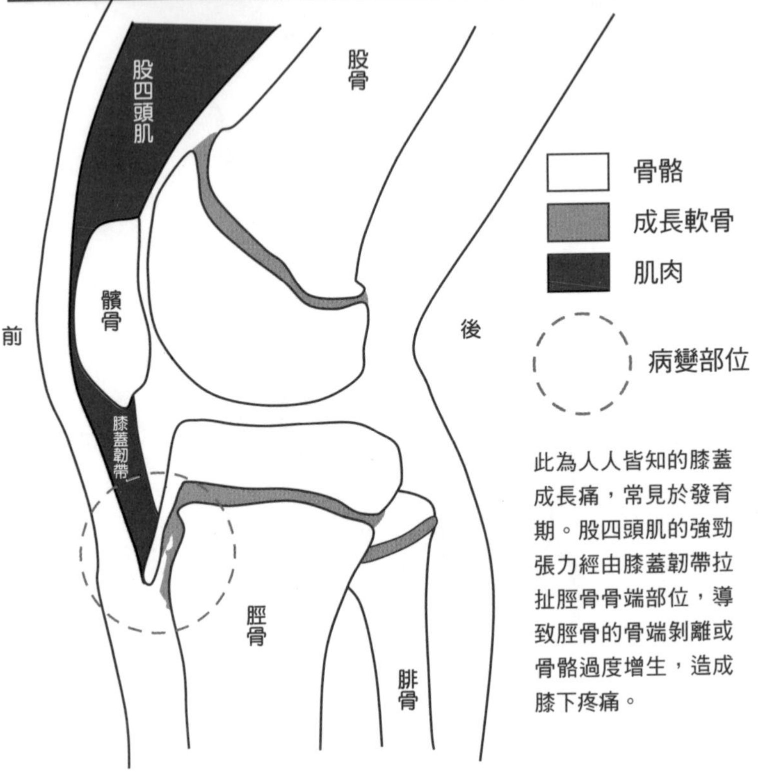

此為人人皆知的膝蓋成長痛，常見於發育期。股四頭肌的強勁張力經由膝蓋韌帶拉扯脛骨骨端部位，導致脛骨的骨端剝離或骨骼過度增生，造成膝下疼痛。

我們很常聽到，發育期間
「肌腱的成長會趕不上骨骼的成長」。
這是事實，在骨骼成長旺盛的時期，
相對變短的肌腱會逐漸緊繃，
對附著部位的周邊造成莫大的負擔。

精準標示出其狀態。

殘留於骨幹部位與骨端部位之間的軟骨，即為「成長軟骨」，骨骼便是在這個部位開始往拉長的方向成長。以X光來觀察發育期的骨骼的話，這個部分的骨骼看起來就像中斷了一樣。我們長大成人後，骨骼的這塊軟骨也會骨化，變成X光片上也觀察得到的骨端線。達到這個階段的骨骼已經不會再往拉長方向成長，所以也不會再長高了。

圖3以示意圖標示出強大的膝關節伸肌「股四頭肌」，及其在膝關節周邊的附著部位的模樣。位於膝關節正下方的脛骨骨端部位有成長軟骨，負責讓脛骨往拉長方向成長。股四頭肌的脛骨附著點位於骨端部位，因為附著於薄薄的骨端部位的骨骼上，因此強度較低。

股四頭肌極其強大的張力會集中於這樣的部位，因此成長軟骨和骨端部位會一起承受著拉扯的壓力。受到刺激的骨端部位為了補足長度，便會過度增生而在膝下形成巨大的隆起，有些情況下還會造成附著部位剝離而使骨骼脫落。

※

筆者腳跟上的骨贅如今已經不痛了，彷彿什麼事也沒發生過似的。因為刺激所引發的活躍增生已經趨緩，過度形成的部分應該已經進行完吸收了吧。實際感受到如文字所示般的骨重塑，是一次「慘痛」的經驗。

1～5畫

6～10畫

11～15畫

16～20畫

25～27畫

結語

我試著重新審視了整本書，看到了許多未盡之處，比如有些部位沒能列入討論，有些部位還必須再深入探究其動作。然而，單純地把這些身體構造或結構相關的發現，以及感到恍然大悟的個人觀察訴諸文字，讓我有機會再次深入思考。

執筆本書期間，得知自己在平常熟悉的運動現場中從運動員或周遭教練身上所學到的事物，比已經資訊化的訊息超前許多，令我十分感動；一方面卻又在接觸前人的研究成果後，意識到自己想法的淺薄與狹隘，而感到洩氣不已，簡直是喜憂參半。

到目前為止，洞察人類解剖學上的構造與動作的結構，解決了不少筆者本身的問題。笨手笨腳的我以前是專攻擲鉛球，自從開始省思「這個構造有什麼用處呢？」、「該如何運用這個構造會更順利呢？」之類的問題後，在磨練技術、尋找適切的受傷應對之策的過程中，還有以指導者的身分，把從解剖學的角度得出之推理與解決方法結合在一起時，從中得到的痛快感是難以被任何事物取代的。我致力於將這些體驗化為圖與文，但是功力還不到家，總覺得心有餘而力不足。非常感謝各位一路閱讀到最後。

藉此感謝所有會員與事務局等JATI的相關人員。尤其是宣傳企劃委員會的有賀雅史委員長，儘管我寫的這些內容太自由奔放、動不動就離題，他仍然以溫暖的目光關注而從不干涉，甚至給了我出書的機會。還有光成耕司編輯，面對我這般工作步調不疾不徐的作者，也總是耐心十足地奉陪到最後。在此致上我最深的謝意。最後要感謝那群時常帶給我滿滿感動與收穫、成為我思考動力的筑波大學田徑社的學生們。

令和2年5月　大山卞圭悟

- Alexander, R.M. (2004) Bipedal animals and their differences from humans. Journal of Anatomy 204, 321-330.
- Andersson, E.A et al. (1997) Intramuscular EMG from the hip flexor muscles during human locomotion. Acta Physiol Scand. 161:361-70.
- Arangio, G.A. et al. Salathe (2000) Subtalar pronation-relationship to the medial longitudinal arch loading in the normal foot. Foot Ankle Int. 21, 216-220
- Basmajian, J.V. and Slonecker, C.E. (1989) Grant's Method of Anatomy - A Clinical Problem-Solving Approach (11th Ed). Williams and Wilkins: Baltimore.
- Basmajian, J.V., De Luca, C.J. (1985) Muscles alive, Their functions revealed by electromyography. 5th ed. Williams & Wilkins. Baltimore
- Bergmark, A. (1989) Stability of the lumbar spine A study in mechanical engineering Acta Orthop Scand 60: Suppl 230. 1-53
- Clement et al. (1984) Achilles tendinitis and peritendinitis: etiology and treatment. American Journal of Sports Medicine 12, 179-184.
- Gheluwe et al. (2003) Rearfoot kinematics during initial takeoff of Elite High Jumpers: Estimation of spatial position and orientation of subtalar axis. Journal of applied biomechanics,19,13-2.
- Haxton, H.A. (1944). Absolute muscle force in the ankle flexors of man. J. Physiol. 103, 267-273.
- Ingen Schenau, G.J.van. et al. (1994) Differential use and control of mono- and biarticular muscles. Human Movement Science 13, 495-517.
- Inuzuka, N (1992) Evolution of the shoulder girdle with special reference to the problems of the clavicle. J Anthrop Soc Nippon 100:391-404.
- Kimura T. et al. (2002) Composition of psoas major muscle fibers compared among humans, orangutans, and monkeys. Zeitschrift für Morphologie und Anthropologie 83: 305-314
- Larson, S.G. (2007) Evolutionary transformation of the hominin shoulder. Evolutionary Anthropology 16:172-187.
- Leonard, W. R. and Robertson, M. L. (1997) Rethinking the Energetics of Bipedality. Current Anthropology 38, 304-309.
- MacConaill, M.A. and Basmajian, J,V.(1977)Muscles and Movements:A Basis for Human Kinesiology. pp. 104-108. Krieger Publishing Company.
- MacConaill, M.A. (1978) Spurt and shunt muscles. J. Anat.126, 619-621
- Mann, R.A., Moran, G.T. and Dougherty, S.E. (1986) Comparative electromyography of the lower extremity in jogging, running, and sprinting. Am J of Sports Med, 14: 501-510.
- Mochizuki, T. et al. (2008) Humeral Insertion of the Supraspinatus and Infraspinatus: New Anatomical Findings Regarding the Footprint of the Rotator Cuff. The Journal of Bone & Joint Surgery 90, 962-969.
- Montgomery, W.H. III, et al. (1994) Electromyographic analysis of hip and knee musculature during running. Am J Sports Med, 22: 272-278.
- Morrey, B.F. et al. (1998) Biomechanics of the shoulder. In: Rockwood, Matsen, 3rd, eds. The Shoulder. Philadelphia: Saunders. pp.233-276.
- Nelson, C.M. et al. (2016) In vivo measurements of biceps brachii and triceps brachii fascicle lengths using extended field-of-view ultrasound. J Biomech. 49(9): 1948-1952.

● Park, R.J. et al.(2012) Differential activity of regions of the psoas major and quadratus lumborum during submaximal isometric trunk efforts. J Orthop Res. 30:311-318. http://dx.doi.org/10.1002/ jor.21499
● Park, R.J. et al. (2013) Changes in regional activity of the psoas major and quadratus lumborum with voluntary trunk and hip tasks and different spinal curvatures in sitting. J Orthop Sports Phys Ther. 43:74–82.
● Reinold, M.M. et al. (2009) Current concepts in the scientific and clinical rationale behind exercises for glenohumeral and scapulothoracic musculature. J Orthop Sports Phys Ther. 39(2):105-117.
● Schache, A.G. et al.(2010) Hamstring muscle forces prior to and immediately following an acute sprinting-related muscle strain injury. Gait & Posture, 32. 136-140.
● Skyrme, A.D. et al. (1999) Psoas major and its controversial rotational action. Clinical Anatomy 12: 264-265
● Sloniger, M.A. et al. (1997) Lower extremity muscle activation during horizontal and uphill running. J Appl Physiol, 83: 2073–2079.
● Ward, S.R.,Eng, C.M., Smallwood, L.H. and Lieber, R.L.(2009) Are Current Measurements of Lower Extremity Muscle Architecture Accurate? Clin Orthop Relat Res, 467:1074–1082.
● Wickiewicz,T.L. et al. (1983) Muscle architecture of the human lower limb. Clin Orthop Rel Res, 179: 275–283.
● Wiemann, K., Tidow, G. (1995) Relative activity of hip and knee extensors in sprinting -implications for training. New Studies in Athletics 10: 29-49.
● Wilke,H.J. et al. (1995) Stability increase of the lumbar spine with different muscle groups. A biomechanical in vitro study. Spine 20, 192-198
● 阿江 通良,藤井 範久(2002)スポーツバイオメカニクス20講.朝倉書店.
● 朝日新聞デジタル(2016)“イチオシRIO2016.「X線画像きっかけに新発見,オフでも卓球脳に」” http://www.asahi.com/sports/ichioshi2016,(参照2016-1-17)
● 飯干 明等人(1990)スタートダッシュフォームと肉離れのバイオメカニクス的研究.体育学研究 34:359-372.
● 伊藤 博信等人(1990)生物比較から見たヒトの形態.金原出版.
● 江戸 優裕等人(2018)歩行時における足圧中心軌跡と距骨下関節の可動性の関係.理学療法科学 33, 169–172.
● 大山 卞 圭悟(2011)走運動における股関節内転筋群の機能 . 陸上競技研究 86, 2-9.
● 岡 秀郎(1984)正常歩行中の下肢筋活動様式に関する筋電図学的研究.関西医大誌36,131-152.
● 岡田 守彦(1977)跳ぶことと投げること.体育科教育,25:9-12.
● 岡田 守彦(1986)猿人の「あし」とロコモーション(<特集>「足と脚」).バイオメカニズム学会誌 7, 4-13.
● 岡田 守彦 (1997)ヒトの起源-バイペダリズムの獲得を中心に-,バイオメカニズム学会誌 21, 185-190.
● 荻本 晋作, 鶴田 敏幸(2016)肩周囲筋群の筋電図学的解析とその臨床応用.肩関節 40(3): 1109-1115.
● 奥脇 透(2017)肉離れの現状.臨床スポーツ医学 34(8): 744 -749.
● 金子 公宏,宮下 憲,大山 圭悟,谷川 聡,鋤柄 純忠,大山 康彦(2000)下肢筋活動から見たハードル走の踏み切り動作に関する研究～スプリント動作と比較して～.スプリント研究,10: 13-23.

引用與參考文獻

- 狩野 豊,高橋 英幸,森丘 保典,秋間 広,宮下 憲,久野 譜也,勝田 茂(1997)スプリンターにおける内転筋群の形態的特性とスプリント能力の関係.体育学研究,41:352-359.
- 公益財団法人　健康・体力づくり事業財団　http://www.health-net.or.jp/tairyoku_up/chishiki/start/t02_01_11.html(参照2020-4-5)
- 小林万壽夫等人(2009)ハムストリングス肉離れの経験を持つ陸上競技選手の短距離疾走時における大腿部の筋活動特性　ー健側と患側間の差異ー.体力科学58,81-90.
- 高藤 豊治等人(1985)ヒトの長掌筋について.杏林医会誌16、341-353.
- 松尾 信之介, 藤井 宏明, 苅山 靖, 大山 卞 圭悟 (2011)走速度変化に伴う股関節内転筋群活動の変化.体育学研究,56. 287-295.
- 中村 大志等人(2018)咬合力の測定方法とその大きさに影響を与える因子.日本歯周病学会会誌60.155-159.
- 馬場 悠男(1999)ヒトはゾウと似ている.国立科学博物館「大顔展」ホームページ.http://www.kahaku.go.jp/special/past/kao-ten/kao/dobutu/dobutu-f.html(参照2016-3-1)
- 福島 秀晃, 三浦雄一郎(2014)拘縮肩へのアプローチに対する理論的背景.関西理学療法 14:17 -25.
- 藤田恒太郎(2003)人体解剖学.改訂第42版.南江堂.
- 本間 敏彦,坂井 建雄 (1992)霊長類の親指を動かす筋について –ヒトの手の特徴を考える– .霊長類研究8:25−31.
- 山田 致知,萬年 甫(1995)実習解剖学.pp.229,南江堂.
- 結城 匡啓(2017)私の考えるコーチング論:科学的コーチング実践をめざして.コーチング学研究.30巻増刊号,97～104.
- 渡邊 信晃等人(2000)スプリンターの股関節筋力とスプリント走パフォーマンスとの関係.体育学研究,45:520-529.
- Neumann,D.A.(著)嶋田 智明,平田総一郎(譯)(2005)筋骨格系のキネシオロジー.医歯薬出版.
- 中村 隆一,齋藤 宏,長崎 浩(2006)「基礎運動学 第6版].医歯薬出版.
- Kapandji, I.A.(著)萩島 秀男,嶋田 智明(譯)(1993)カパンディ関節の生理学II下肢 原著第5版.医歯薬出版.

作者簡介———
大山 卞 圭悟

1970年生於兵庫縣西脇市。1993年畢業於筑波大學體育專業學系。碩士（體育科學）。1999年任筑波大學體育科學系講師，2001年任筑波大學研究所人類綜合科學研究科講師，自2013年起就任筑波大學體育系副教授（至今）。從1999年至今，擔任筑波大學田徑社教練（主要負責投擲競賽項目，2006～2011年為該社的總教練），並任職日本田徑聯盟醫事委員會培訓師部門委員。1999年、2001年與2005年擔任世界大學生運動會田徑日本選手團的培訓師。兼任JATI訓練指導者培訓講習會的講師（負責「功能解剖學」課程）。著有《トレーニング指導者テキスト 理論編改訂版》（共同著作）、《Strength Training and Coordination》（監譯）（皆為大修館書店出版）、《解剖学》（化學同人出版）。

圖解 運動員必知的人體解剖學
理解人體結構，讓訓練效果最大化

2021年1月1日初版第一刷發行
2024年10月15日初版第三刷發行

作　　者　大山 卞 圭悟
譯　　者　童小芳
編　　輯　邱千容
封面設計　水青子
發 行 人　若森稔雄
發 行 所　台灣東販股份有限公司
〈地址〉台北市南京東路4段130號2F-1
〈電話〉(02)2577-8878
〈傳真〉(02)2577-8896
〈網址〉https://www.tohan.com.tw
郵撥帳號　1405049-4
法律顧問　蕭雄淋律師
總 經 銷　聯合發行股份有限公司
〈電話〉(02)2917-8022

國家圖書館出版品預行編目(CIP)資料

圖解運動員必知的人體解剖學：理解人體結構，讓訓練效果最大化／大山 卞 圭悟著；童小芳譯. -- 初版. -- 臺北市：臺灣東販股份有限公司, 2021.01
352面；14.7×21公分
譯自：アスリートのための解剖学
ISBN 978-986-511-555-5(平裝)

1.人體解剖學 2.運動醫學

394　　109019142